职业技能培训鉴定教材

ZHIYEJINENGPEIXUNJIANDINGJIAOCAI

注塑模具工

（中级）

编审委员会

主　任　史仲光

副主任　王　冲　孙　颐

委　员　付宏生　宋满仓　陈京生　成　虹　高显宏　杨荣祥

　　　　申　敏　王锦红　袁　岗　朱树新　丁友生　王振云

　　　　王树勋　肖德新　韩国泰　吴建峰　钟燕锋　李玉庆

　　　　徐宝林　甘　辉　阎亚林　贺　剑　李　捷　曹建宇

　　　　田　晶　王达斌　李海林　李渊志　杭炜炜　郭一娟

　　　　程振宁

本书编审人员

主　编　杨荣祥

副主编　韩国泰　吴建峰　李昌雪

编　者　阎亚林　曹建宇　王　冲

中国劳动社会保障出版社

图书在版编目（CIP）数据

注塑模具工：中级/机械工业职业技能鉴定指导中心，人力资源和社会保障部教材办公室组织编写. —北京：中国劳动社会保障出版社，2016

职业技能培训鉴定教材

ISBN 978－7－5167－2816－1

Ⅰ.①注…　Ⅱ.①机…②人…　Ⅲ.①注塑-塑料模具-职业技能-鉴定-教材
Ⅳ.①TQ320.66

中国版本图书馆 CIP 数据核字（2016）第 285683 号

中国劳动社会保障出版社出版发行

（北京市惠新东街 1 号　邮政编码：100029）

*

北京谊兴印刷有限公司印刷装订　　新华书店经销

787 毫米×1092 毫米　16 开本　9.25 印张　200 千字

2016 年 12 月第 1 版　　2016 年 12 月第 1 次印刷

定价：22.00 元

读者服务部电话：（010）64929211/64921644/84626437

营销部电话：（010）64961894

出版社网址：http://www.class.com.cn

内 容 简 介

本教材由机械工业职业技能鉴定指导中心、人力资源和社会保障部教材办公室组织编写。教材以《国家职业技能标准·模具工》（试行）为依据，紧紧围绕"以企业需求为导向，以职业能力为核心"的编写理念，力求突出职业技能培训特色，满足职业技能培训与鉴定考核的需要。

本教材介绍了中级注塑模具工要求掌握的职业技能和相关知识，主要内容包括：模具零部件加工、模具装配、质量检验、注塑模试模与修模等。

本教材是中级注塑模具工职业技能培训与鉴定考核用书，也可供相关人员参加就业培训、岗位培训使用。

前　言

为满足各级培训、鉴定部门和广大劳动者的需要，机械工业职业技能鉴定指导中心、人力资源和社会保障部教材办公室、中国劳动社会保障出版社在总结以往教材编写经验的基础上，依据国家职业技能标准和企业对各类技能人才的需求，研发了针对院校实际的模具工职业技能培训鉴定教材，涉及模具工（基础知识）、冲压模具工（中级）、冲压模具工（高级）、冲压模具工（技师　高级技师）、注塑模具工（中级）、注塑模具工（高级）、注塑模具工（技师　高级技师）7 本教材。新教材除了满足地方、行业、产业需求外，也具有全国通用性。这套教材力求体现以下主要特点：

在编写原则上，突出以职业能力为核心。教材编写贯穿"以职业标准为依据，以企业需求为导向，以职业能力为核心"的理念，依据国家职业标准，结合企业实际，反映岗位需求，突出新知识、新技术、新工艺、新方法，注重职业能力培养。凡是职业岗位工作中要求掌握的知识和技能，均作详细介绍。

在使用功能上，注重服务于培训和鉴定。根据职业发展的实际情况和培训需求，教材力求体现职业培训的规律，反映职业技能鉴定考核的基本要求，满足培训对象参加各级各类鉴定考试的需要。

在编写模式上，采用分级模块化编写。纵向上，教材按照国家职业资格等级编写，各等级合理衔接、步步提升，为技能人才培养搭建科学的阶梯型培训架构。横向上，教材按照职业功能分模块展开，安排足量、适用的内容，贴近生产实际，贴近培训对象需要，贴近市场需求。

在内容安排上，增强教材的可读性。为便于培训、鉴定部门在有限的时间内把最重要的知识和技能传授给培训对象，同时也便于培训对象迅速抓住重点，提高学习效率，在教材中精心设置了"学习目标"等栏目，以提示应该达到的目标，需要掌握的重点、难点、鉴定点和有关的扩展知识。

本系列教材在编写过程中得到桂林电器科学研究院有限公司、北京电子科技职业学院、大连理工大学、成都工业学院、辽宁省沈阳市交通高等专科学校、上海市工业技术学校、北京中德职业技能公共实训中心、广东今明模具职业培训学校、江苏省南通市工贸技工学校、南宁理工学校、南京信息职业技术学院、天津轻工职业技术学院、广东江门职业技术学院、厦门市集美职业技术学校、硅湖职业技术学院、江苏信息职业技术学院、随州职业技术学院、厦门市集美轻工业学校、北京精雕科技有限公司的大力支持和热情帮助，在此一并致以诚挚的谢意。

编写教材有相当的难度，是一项探索性工作。由于时间仓促，不足之处在所难免，恳切希望各使用单位和个人对教材提出宝贵意见，以便修订时加以完善。

机械工业职业技能鉴定指导中心
人力资源和社会保障部教材办公室

目　录

第**1**章

模具零部件加工

第1节 模具图识读

→ 掌握模具装配图的读图方法
→ 掌握模具零件图的技术要求

一、投影知识运用

将物体正放在三投影面体系中，用正投影法向三个投影面投射，就得到物体的三面投影，也称为三视图，如图1—1所示。

为了画图和看图的方便，假想将三个投影面展开、摊平在同一平面（纸面）上，并且规定：正面 V 不动；水平面 H 绕 OX 轴向下旋转90°；侧面 W 绕 OZ 轴向右旋转90°。如图1—2所示，即俯视图在主视图的正下方，左视图在主视图的正右方。

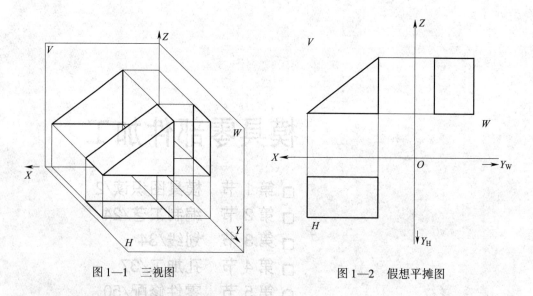

图1—1 三视图   图1—2 假想平摊图

二、注塑模零件视图表达方法

1. 主视图的确定

主视图应以能够尽可能多地反映零件各部分形状及组成零件各功能部分的相对位置作为视图的投影方向，以便于设计和读图。

2. 其他视图的选择

主视图确定后，要分析该零件还有哪些结构和形状没有表达完整，需选择其他视图进行表达，并使每个视图都有表达的重点，且在表达清晰的前提下以视图数目少为佳。

如图 1—3 所示为型腔镶块零件图，主视图反映了两个型腔的位置、冷却水管走向等，而俯视图则进一步表达了型腔的深度及冷却水管的位置。

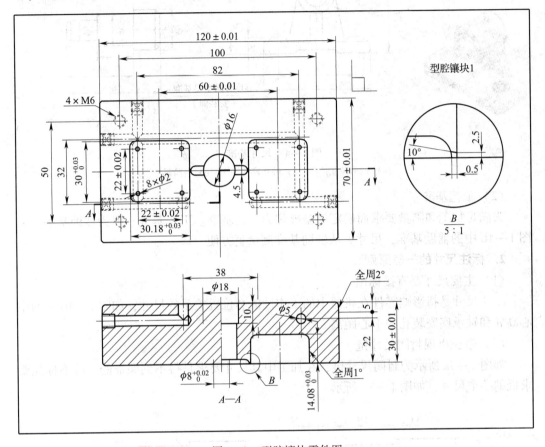

图 1—3　型腔镶块零件图

三、模具零件尺寸公差的表达方法

零件图的尺寸是加工和检验零件的重要依据。除满足正确、完整、清晰的要求外，还必须使标注的尺寸合理，符合设计、加工、检验和装配的要求。零件的尺寸标注要求正确、齐全、清晰、合理。标注尺寸既要满足设计要求，又要便于零件的加工和检验。所以，必须合理选择尺寸的基准及正确标注尺寸。

1. 尺寸基准

确定尺寸位置的几何元素称为尺寸基准。零件的长、宽、高每个方向至少有一个基准，常以几何中心、回转轴线、装配面或支承面为基准，如图 1—4 所示。

（1）设计基准

确定零件在机器中位置的基准称为设计基准，如图 1—4c 中的轴线和图 1—4b 中的底面。设计基准一般为主要基准。

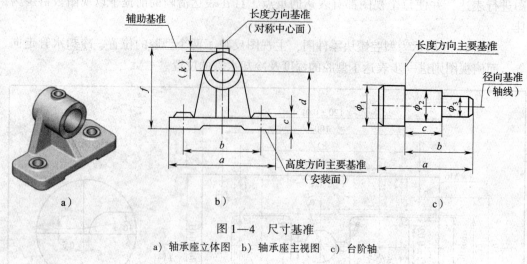

图 1—4 尺寸基准

a）轴承座立体图 b）轴承座主视图 c）台阶轴

（2）工艺基准

为满足加工和测量要求而确定的基准称为工艺基准。工艺基准一般为辅助基准。如图 1—4b 中的辅助基准，尺寸 k 从辅助基准测量更方便。

2. 标注尺寸的一般原则

（1）主要尺寸要直接标出

主要尺寸是指影响零件在机器中的工作性能和位置关系的尺寸，如图 1—4b 中的中心高 d 和轴承座安装孔的中心距离 b。

（2）避免出现封闭尺寸链

如图 1—5a 所示为封闭尺寸链，在加工中其尺寸要求是得不到保证的。应不标注要求低的一个尺寸，如图 1—5b 所示。

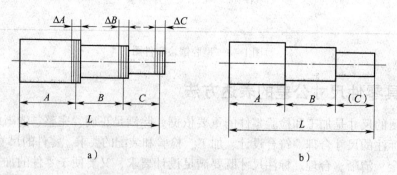

图 1—5 封闭尺寸链

a）封闭尺寸链 b）C 处尺寸加括号为开环

（3）要符合加工顺序和方便测量

如图 1—6a 所示的台阶轴尺寸标注符合车削加工顺序，如图 1—6b 所示的工件要掉头车削，尺寸标注从两端开始。如图 1—7 所示，尺寸标注应便于测量。

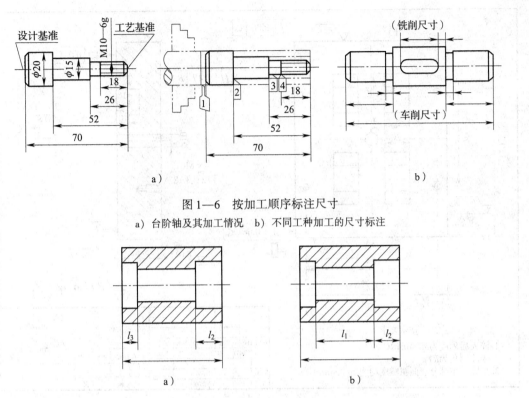

图 1—6　按加工顺序标注尺寸
a) 台阶轴及其加工情况　b) 不同工种加工的尺寸标注

图 1—7　尺寸标注应便于测量
a) 合理　b) 不合理

四、注塑模零件配合代号的选用、几何公差及表面粗糙度的表达

在零件图上，应用一些规定的符号、代号和文字简明、准确地给出零件在制造、检验和使用时应达到的精度要求，主要有保证精度的尺寸公差、几何公差及表示表面质量的表面粗糙度。

1. 尺寸公差

如图 1—8 所示型腔镶块零件图中所标出的尺寸有很多都有尺寸公差要求，如 $120_{-0.071}^{-0.036}$ mm、$150_{-0.083}^{-0.043}$ mm 等。

（1）公差

公差表示允许尺寸的变动量，例如，$120_{-0.071}^{-0.036}$ mm 表示该尺寸允许在 119.929 ~ 119.964 mm 之间变动，其公差为 119.964 - 119.929 = 0.035 mm；$150_{-0.083}^{-0.043}$ mm 表示该尺寸允许在 149.917 ~ 149.957 mm 之间变动，其公差为 149.957 - 149.917 = 0.04 mm。

由此可见，公差一定为正值。

（2）上极限偏差与下极限偏差

上极限偏差是指加工时允许的最大极限尺寸与设计的公称尺寸之差，如上述加工尺寸允许的最大尺寸分别为 119.964 mm、149.957 mm，与公称尺寸 120 mm、150 mm 的差值即为上极限偏差，分别为 - 0.036 mm、- 0.043 mm。

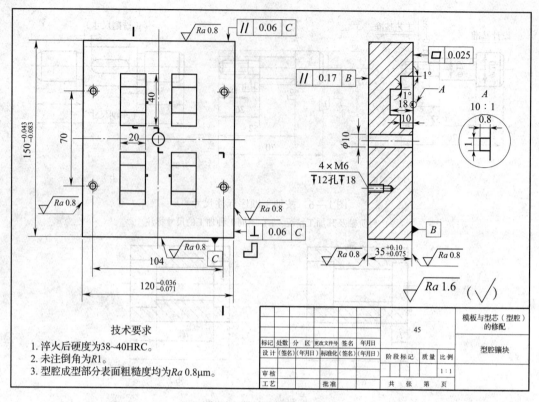

图1—8　型腔镶块零件图

同理，下极限偏差为最小极限尺寸与公称尺寸之差，分别为 −0.071 mm、−0.083 mm。

上极限偏差和下极限偏差的值受到零件的公称尺寸，公差值大小和上、下极限偏差位置三个因素的影响。用两条直线表示上、下极限偏差所限定的区域，该区域称为公差带。在相同的直径时，其公差带受到公差等级和相对零线位置的影响，公差等级分成20 个等级，常用 IT6～IT9 级；公差带相对零线的位置由基本偏差确定（靠近零线的上极限偏差或下极限偏差称为基本偏差），基本偏差分成 A～ZC（a～zc）共 28 种，常用 F、H、JS、J、K、M、N、P、R、S。其基本偏差系列如图 1—9 所示。

（3）尺寸公差的标注代号

如 $\phi50H8$ 的含义：公称尺寸为 $\phi50$ mm，基本偏差为 H 的 8 级精度的孔（基本偏差大写为孔），查相关资料可得上极限偏差为 +0.039 mm，下极限偏差为 0。

如 $\phi50f7$ 的含义：公称尺寸为 $\phi50$ mm，基本偏差为 f 的 7 级精度的轴（基本偏差小写为轴），查相关资料可得上极限偏差为 −0.025 mm，下极限偏差为 −0.050 mm。

上、下极限偏差用比公称尺寸小一号的数字注写，下极限偏差与公称尺寸应注在同一底线上。

2. 几何公差

几何公差表示对零件的形状和位置公差的要求。如图 1—8 中的符号 □ 0.025 即为形状公差要求，其含义为 B 基准面上有 0.025 mm 的平面度。常见几何公差类别及符号见表 1—1。

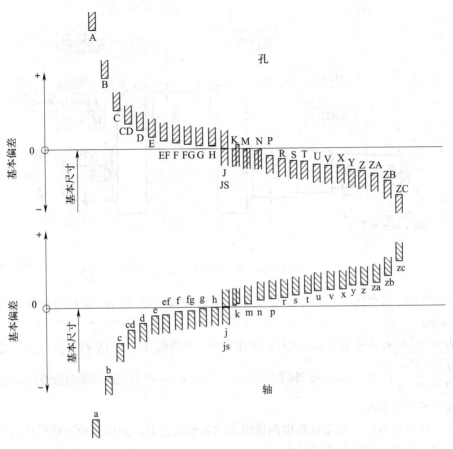

图 1—9　基本偏差系列

表 1—1　　　　　　　　　　　　几何公差类别及符号

类别	项目	符号	类别	项目	符号	类别	项目	符号
形状公差	直线度	—	方向公差	平行度	//	跳动公差	圆跳动	∕
	平面度	▱		垂直度	⊥		全跳动	∕∕
				倾斜度	∠			
	圆度	○	位置公差	同轴度（同心度）	◎	形状或位置或方向公差	线轮廓度	⌒
				对称度	═			
	圆柱度	⌀		位置度	⊕		面轮廓度	⌓

几何公差标注示例如图 1—10 所示。

| H | 0.01 | 表示 ϕ40 mm 外圆柱面的圆柱度公差为 0.01 mm。

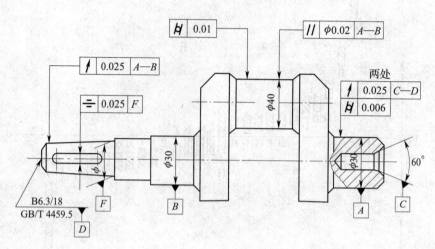

图 1—10 几何公差标注示例

$\overline{=}\ |0.025|\ F$ 表示键槽中心平面对基准 F（左端圆台部分的轴线）的对称度公差为 0.025 mm。

$|\text{//}|\ \phi0.02\ |A—B$ 表示 ϕ40 mm 圆柱的轴线对公共基准线 $A—B$ 的平行度公差为 0.02 mm。

$\begin{array}{|c|c|c|}\hline \text{／} & 0.025 & C—D \\\hline \text{H} & 0.006 & \\\hline\end{array}$ 表示 ϕ30 mm 外圆表面对公共基准线 $C—D$ 的径向圆跳动公差为 0.025 mm；圆柱度公差为 0.006 mm。

从上例可以看出，凡是框格由两格组成的为形状公差；而框格由三格组成的为位置公差，第三格表示位置公差的基准。

框格和基准方框的线宽一般为字高的十分之一，高度为字高的两倍，左第一格为方框。黑三角的高度推荐等于字高。

3. 表面粗糙度

表面粗糙度是指加工时零件表面具有的较小间距和峰谷所组成的微观几何不平度。表面粗糙度是评定零件表面质量的重要指标之一，对零件的使用寿命、零件之间的配合、外观质量等都有一定的影响。

表面粗糙度的评定参数有轮廓算术平均偏差 Ra 和轮廓最大高度 Rz 两种，Ra 较为常用。常用 Ra 偏差值有 0.8 μm、1.6 μm、3.2 μm、6.3 μm、12.5 μm、25 μm。

表面结构代号用表面结构符号、评定参数和具体数值表示，如图 1—11 所示的 h 表示字高。

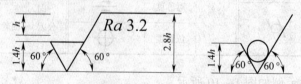

图 1—11 表面结构代号

在表面结构符号上注写所要求的表面特征参数后，即构成表面结构代号。常见的表面结构代号及其含义见表1—2。

表 1—2　　　　　　　　　　　常见的表面结构代号及其含义

代号	含义/解释	代号	含义/解释
$\sqrt{Ra\,0.8}$	表示不允许去除材料，单向上限值，R 轮廓，算术平均偏差为 $0.8~\mu m$	$\sqrt{0.008-0.8/Ra\,3.2}$	表示去除材料，单向上限值，传输带 $0.008 \sim 0.8$ mm，R 轮廓，算术平均偏差为 $3.2~\mu m$
$\sqrt{Rz\,\max\,0.2}$	表示去除材料，单向上限值，R 轮廓，粗糙度最大高度的最大值为 $0.2~\mu m$	$\sqrt{\begin{array}{l}U\,Ra\,\max\,3.2\\L\,Ra\,0.8\end{array}}$	表示不允许去除材料，双向极限值，R 轮廓，上限值：算术平均偏差为 $3.2~\mu m$，评定长度为 5 个取样长度（默认），"最大规则"；下限值：算术平均偏差为 $0.8~\mu m$，评定长度为 5 个取样长度（默认），"16% 规则"（默认）

表面结构的注写和识读方向与尺寸的注写和识读方向一致。每一表面的表面结构一般只注一次，并尽可能注在相应的尺寸及其公差的同一视图上。表面结构可以标注在轮廓线上，其符号尖端应从材料外指向材料并与表面接触，也可用带箭头或黑点的指引线引出标注，如图 1—12a 所示；还可以标注在给定的尺寸线上，如图 1—12b 所示。

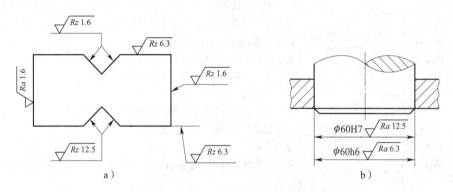

图 1—12　表面粗糙度要求的一般标注

4. 零件图技术要求

在零件图上的技术要求除了要标注表面粗糙度外，一般还需注明材料、热处理以及其他特殊要求等。

机械零件经过热处理后，可使材料获得较好的力学性能和使用性能，而且也改善了材料的加工性能，常用的热处理有退火、正火、淬火、回火及表面热处理。一般在图样的技术要求中加以说明，或在图样上给予标注。

热处理要求如图 1—13 所示的第一点，表示该型腔镶块的热处理要求是淬火后材料硬度达到 38 ~ 40HRC。而特殊要求是指模具加工上的一些需要特别注意的地方，比如图 1—13 中的第二点和第三点，都是表示在加工时所要达到的要求。

技术要求

1. 淬火后硬度为38~40HRC。
2. 未注倒角为R1。
3. 型腔成型部分表面粗糙度均为$Ra0.8\mu m$。

图1—13 技术要求摘录图

5. 表面粗糙度的常用测量方法（见表1—3）

表1—3　　　　　　　　　　　表面粗糙度的常用测量方法

序号	检验方法	适用参数及范围（μm）	说明
1	样块比较法	直接目测：$Ra > 2.5$ 用放大镜：$Ra > 0.32 \sim 0.5$	以表面粗糙度比较样块工作面上的粗糙度为标准，用视觉法或触觉法与被测表面进行比较，以判定被测表面是否符合规定；用样块进行比较检验时，样块与被测表面的材质、加工方法应尽可能一致；样块比较法简单易行，适合在生产现场使用
2	显微镜比较法	$Ra < 0.32$	将被测表面与表面粗糙度比较样块靠近在一起，用比较显微镜观察两者被放大的表面，以样块工作面上的粗糙度为标准，通过观察比较被测表面是否达到相应样块的表面粗糙度，从而判定被测表面粗糙度是否符合规定。此方法不能测出粗糙度参数值
3	电动轮廓仪比较法	Ra：$0.025 \sim 6.3$ Rz：$0.1 \sim 25$	电动轮廓仪是触针式仪器。测量时仪器触针尖端在被测表面上垂直于加工纹理方向的截面上做水平移动测量，从指示仪表直接得出一个测量行程Ra值。这是Ra值测量最常用的方法。或使用仪器的记录装置，描绘粗糙度轮廓曲线的放大图，再计算Ra或Rz值。此类仪器适合在计量室使用。但便携式电动轮廓仪可在生产现场使用
4	光切显微镜测量法	Rz：$0.8 \sim 100$	光切显微镜（双管显微镜）是利用光切原理测量表面粗糙度的方法。从目镜观察表面粗糙度轮廓图像，用测微装置测量Rz值。也可通过测量描绘出轮廓图像，再计算Ra值，因其方法较烦琐而不常用。必要时可将粗糙度轮廓图像拍照后再进行评定。光切显微镜适合在计量室使用
5	干涉显微镜测量法	Rz：$0.032 \sim 0.8$	干涉显微镜是利用光波干涉原理，以光波波长为基准测量表面粗糙度的。被测表面有一定的粗糙度就呈现出凹凸不平的峰谷状干涉条纹，通过目镜观察，利用测微装置测量这些干涉条纹的数目和峰谷的弯曲程度，即可计算出表面粗糙度Ra值。必要时还可将干涉条纹的峰谷拍照后再进行评定。干涉法适用于精密加工的表面粗糙度测量，适合在计量室使用

6. 装配图的表达方法

（1）装配图上的规定画法

在装配图中，相邻零件的剖面线应方向相反或间隔不一，在各剖视图与断面图上同一零件的剖面线倾斜方向和间隔应保持一致，如图 1—14 所示。小于 2 mm 的薄剖面可涂黑。

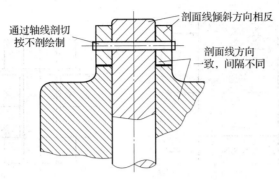

图 1—14　相邻零件剖面线的画法

相邻零件的接触表面或配合表面画一条线；但当两相邻零件的基本尺寸不相同时，即使间隙很小，也必须画出两条线，如图 1—15 所示。

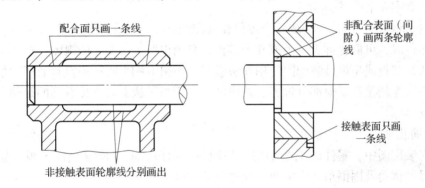

图 1—15　相邻零件轮廓线的画法

当有几个相邻零件时，相邻零件的剖面线可以同向，但要改变剖面线的间隔或把两件的剖面线错开，如图 1—16 所示。

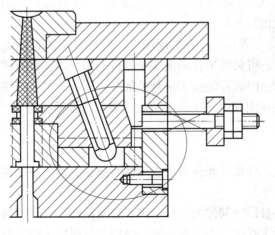

图 1—16　剖面线画法

对于连接件、轴、手柄、球等实心件或标准件，当经过轴线剖切时按不剖绘制，如图1—17所示的实心杆、螺栓和螺母。

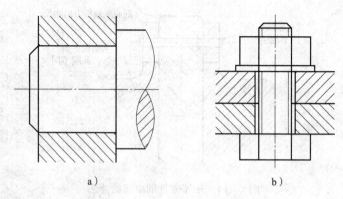

图1—17　实心杆和标准件的画法

a）实心杆　b）标准件

（2）部件的特殊表达方法

1）拆卸画法。当某一个或几个零件在装配图的某一视图中遮住了大部分装配关系或其他零件时，可假想拆去一个或几个零件，只画出所表达部分的视图，这种画法称为拆卸画法。塑料成型模具装配图应用此法最多。如图1—18所示塑料储油杯注塑模装配图的中心线左侧是将定模部分拆去后画出的，它相当于从上面直接看到的是动模部分的情况。

2）简化画法

①在装配图中，零件的工艺结构，如圆角、倒角、退刀槽等允许不画，如螺栓头部、螺母的倒角及因倒角产生的曲线允许省略不画。

②在装配图中，螺母和螺栓头允许采用简化画法。当遇到螺纹连接件等相同的零件组时，在不影响理解的前提下，允许只画出一处，其余可只用细点画线表示其中心位置，如图1—19所示。

③装配图中，当剖切平面通过的某些组合件为标准产品或该组合件已有其他图形表示清楚时，可以只画出其外形。

3）个别零件的单独表示法。在装配图中，当某个零件的形状未表达清楚而又对理解装配关系有影响时，可另外单独画出这个零件的向视图、剖视图或断面图，但必须在所画图形的上方表示该图名称的拉丁字母前加注该零件的名称或序号。如图1—20所示的注塑模装配图中的A向视图和Ⅰ放大图就是采用的这种画法。

（3）视图选择

1）主视图选择

①一般将机器或部件按工作位置放置或将其放正，即使装配体的主要轴线、主要安装面呈水平或铅垂位置。

②选择最能反映机器或部件的工作原理、传动路线、零件间装配关系及主要零件的主要结构的视图作为主视图。当不能在同一视图上反映以上内容时，则应经过比较，取

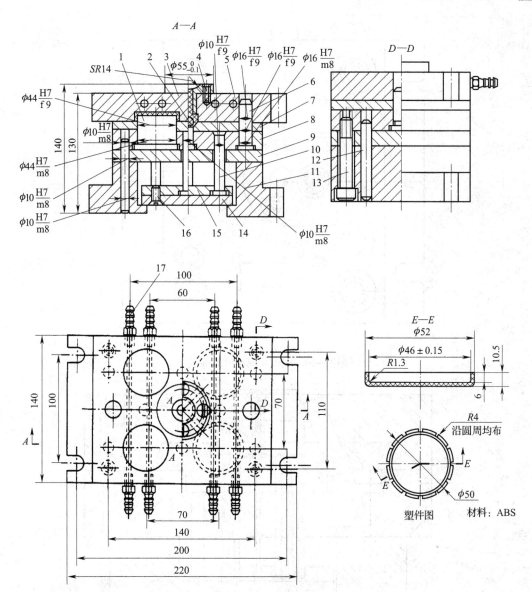

图 1—18　塑料储油杯注塑模装配图

1—型芯　2—球形拉料杆　3—浇口套　4、16—开槽沉头螺钉　5—定模板

6—带头导柱　7—顶出板　8—型芯固定板　9—支承板　10—顶出杆

11—动模座板　12—定位销钉　13—内六角螺钉　14—垫板

15—顶出杆固定板　17—冷却水管接头

一个能较多反映上述内容的视图作为主视图，通常取反映零件间主要或较多装配关系的视图作为主视图。

　　2）其他视图选择

　　①考虑还有哪些装配关系、工作原理及主要零件的主要结构还没有表达清楚，再确定选择哪些视图以及相应的表达方法。如要表示零件上的孔、槽、螺纹、销或与其他零件的连接，可用局部剖视图，如图 1—21 所示。

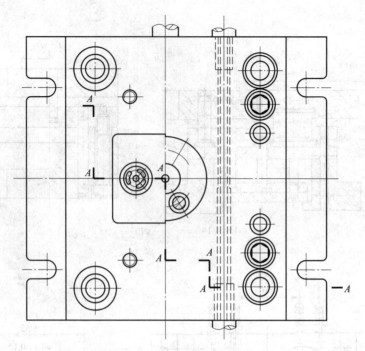

图 1—19　多个相同螺钉的画法

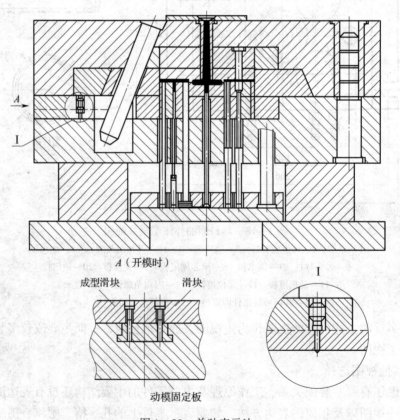

图 1—20　单独表示法

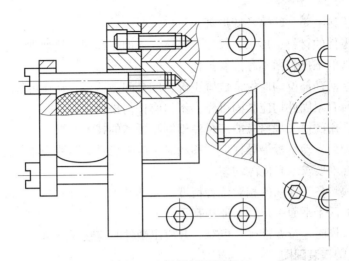

图 1—21　局部剖视图画法

②尽可能地考虑应用基本视图和基本视图上的剖视图表达相关内容。

③要考虑合理地布置视图位置，使图样清晰并有利于图幅的充分利用。

（4）装配图上的尺寸标注

装配图中应标注出必要的尺寸。这些尺寸是根据装配图的作用确定的，应该进一步说明机器的性能、工作原理、装配关系和安装的要求。装配图上应标注下列五种尺寸：

1）特征尺寸（规格尺寸）。它是表示机器或部件的性能和规格的尺寸，这些尺寸在设计时就已确定。它也是设计、了解和选用机器的依据。

2）装配尺寸

①配合尺寸。它是表示两个零件之间配合性质的尺寸。

②相对位置尺寸。它是表示装配机器和拆画零件图时需要保证的零件间相对位置的尺寸。

3）外形尺寸。它是表示机器或部件外形轮廓的尺寸，即总长、总宽、总高。当包装、运输机器或部件时，以及设计厂房和安装机器时需要考虑外形尺寸。

4）安装尺寸。是指将机器或部件安装在地基上或与其他机器或部件相连接时所需要的尺寸。

5）其他重要尺寸。它是在设计中经过计算确定或选定的尺寸，但又未包括在上述四种尺寸中。这种尺寸在拆画零件图时不能改变。

7. 装配图技术要求

（1）注塑模安装尺寸要求

设计注塑模时要考虑模具是安装在哪种注射机上使用，安装在注射机上的各配合部位的尺寸应符合所选用的设备规格。

根据注塑模的开合模行程长度，选用能满足要求的注射机。

装配后的注塑模应打上模具编号。大、中型注塑模应设有起吊孔。

（2）注塑模总体装配精度要求

注塑模的外露部分锐边应倒钝，安装面应光滑、平整，螺钉、螺钉头部不能高出安装基面，并无明显毛刺、凹陷及变形现象。

注塑模各零件的材料、形状、尺寸、精度、表面粗糙度、热处理要求等均应符合图样要求，各零件的工作表面不允许有损伤。

模具的所有活动部位均应保证位置正确，配合间隙适当，动作可靠，运动平稳。

模具上的所有紧固件均应紧固可靠，不得有任何松动现象。

注塑模所选用的模架规格应能满足注塑制品所需的技术要求。

在模具装配后，动模板沿导柱上下移动时，应平稳且无阻滞现象，导柱与导套的配合精度应符合标准要求，且间隙均匀。

必须保证模具各零件间的相对位置精度，尤其是当有些尺寸与几个零件尺寸有联系时，如分型面的两个平面一定要保证相互平行。

注塑模在合模时定位要准确、可靠，开模出塑件时应畅通无阻。

8. 识读注塑模装配图

（1）概括了解

通读装配图的内容，从标题栏中了解该模具的名称，按图上序号对照明细栏，读懂各零件，初步对该模具的结构和工作原理有大致的了解。

（2）分析视图

根据模具装配图的各个视图布局，分析各图所侧重表达的内容，弄清楚各零部件的投影关系。装配图视图布局如图1—22所示。

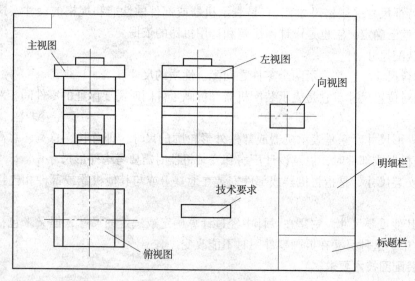

图1—22　装配图视图布局

1）识读主视图的注意要点

①考虑分型面的位置。

②浇注系统（形式、浇口位置、拉料杆等）。

③导向机构。

④塑件的脱模情况。

⑤各零部件相互关系。

2）识读俯视图的注意要点

①型腔排布。

②冷却水道布局。

③模架大小。

3）识读左视图的注意要点

①主视图中未能反映的浇注系统。

②冷却水道在模板上的具体位置。

4）识读辅助视图的注意要点

①模具冷却、加热系统的布置。

②成型零件的位置。

③其他视图：仰视图、向视图等。

（3）看懂零件

可采用"会的先读"，意思就是先了解比较熟悉的标准件、常用件和一些简单零件的结构与形状，然后再集中去读复杂的零件，如塑料成型模具中的型腔、型芯等零件。

（4）图例分析

1）平面分型面的注塑模总装配图。如图1—23、图1—24所示分别为烟灰缸的塑件示意图和模具装配。图1—24清楚地反映出视图之间的关系，下面对应每个视图分别进行讲解。

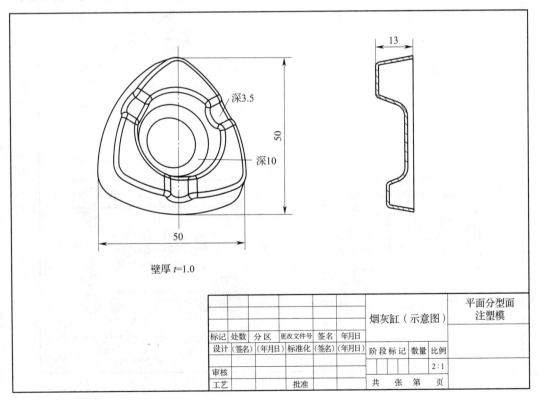

壁厚 $t=1.0$

						烟灰缸（示意图）			平面分型面 注塑模
标记	处数	分区	更改文件号	签名	年月日				
设计	(签名)	(年月日)	标准化	(签名)	(年月日)	阶段标记	数量	比例	
								2 : 1	
审核									
工艺			批准			共 张 第 页			

图1—23 烟灰缸的塑件示意图

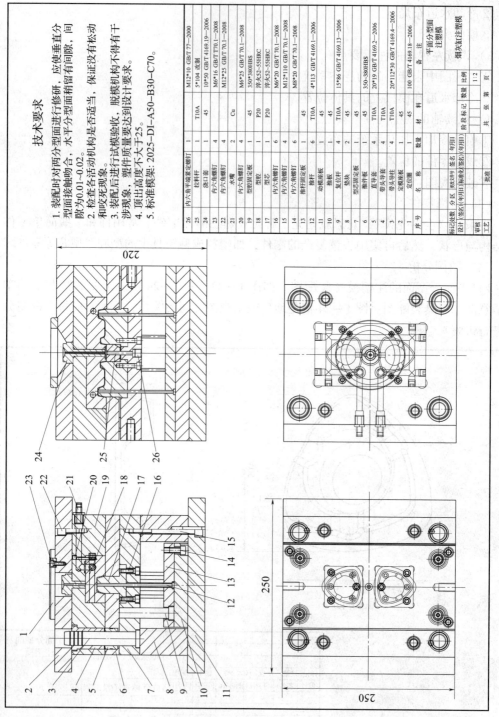

技术要求
1. 装配时对两分型面进行修研，应使垂直分型面接触吻合，水平分型面稍留有间隙，间隙为0.01~0.02。
2. 检查各活动机构是否适当，保证没有松动和咬死现象。
3. 装配后进行试模验收，脱模机构不得有干涉现象、塑件质量要达到设计要求。
4. 顶出高度不大于25。
5. 标准模架：2025—DI—A50—B30—C70。

序号	名称	数量	材料	备注
26	内六角平端紧定螺钉	1		M12*10 GB/T 77—2000
25	拉料杆	1	T10A	5*104 改制
24	浇口套	1	45	10*50 GB/T 4169.19—2006
23	内六角螺钉	4		M6*16 GB/T T70.1—2008
22	内六角螺钉	4		M12*25 GB/T 70.1—2008
21	水嘴	2	Cu	
20	型腔固定板	1	45	M6*25 GB/T 70.1—2008
19	型腔固定板	1	45	350*380HBS
18	型腔	1	P20	淬火52-55HRC
17	型芯	1	P20	淬火52-55HRC
16	内六角螺钉	6		M6*20 GB/T 70.1—2008
15	内六角螺钉	4		M12*110 GB/T 70.1—2008
14	推杆固定板	6		M8*20 GB/T 70.1—2008
13	推杆	6	T10A	4*113 GB/T 4169.1—2006
12	动模座板	1	45	
11	推板	1	45	
10	推块	1	45	
9	复位杆	4	45	15*86 GB/T 4169.13—2006
8	型芯固定板	1	45	
7	推件固定板	1	45	
6	直导套	4	T10A	350-380HBS
5	带头导套	4	T10A	20*19 GB/T 4169.2—2006
4	带头导柱	4	45	20*112*30 GB/T 4169.4—2006
3	定模板	1	45	
2	定模座板	1	45	
1	定位圈	1	45	100 GB/T 4169.18—2006

设计			烟灰缸注塑模
审核			平面分型面 注塑模
工艺		比例 1:2 数量	
标记 处数 分区 更改文件号 签名 年月日		共 张 第 页	

图1—24 烟灰缸的模具装配图

如图 1—25 所示为烟灰缸模具装配图的主视图，分型面把模具分为动模和定模两部分，符号"▽"表示该模具分型面的位置；型腔 18 和型芯 17 的固定方式都是用内六角螺钉 20 和 16 固定；产品在最后需要冷却，所以在型腔 18 上设置有冷却水道（水嘴 21）；导向机构中带头导柱 3 和型芯 17 都固定在型芯固定板 7 上，为保证带头导柱 3 在模板内磨损最小，在型腔固定板 19 和推件板 6 上都设置了导套，分别是带头导套 4 和直导套 5，也使得在开、合模过程中更好地起到导向和定位作用；开模时，为保证顶出塑件的质量，设置了组合脱模机构，即由推件板 6 和推杆 12 组合推出，其中推件板由复位杆 9（相当于推杆的作用）推出。该视图未能表现出浇注系统的形式，故在图 1—26 中表示。

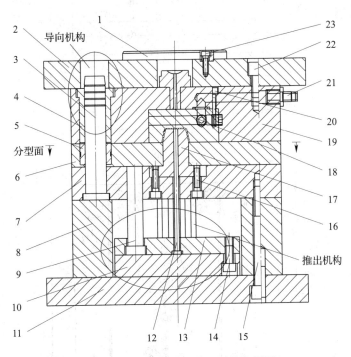

图 1—25　烟灰缸模具装配图的主视图

1—定位圈　2—定模座板　3—导柱　4、5—导套　6—推件板　7—型芯固定板　8—垫块　9—复位杆
10—推板　11—动模座板　12—推杆　13—推杆固定板　14、15、16、20、22、23—螺钉
17—型芯　18—型腔　19—型腔固定板　21—水嘴

如图 1—26 所示为烟灰缸模具装配图的左视图，该视图反映浇注系统的结构，该模具是一模多腔，浇口采用侧浇口形式，即从产品侧面进料，在主流道的末端设置冷料穴，相应的拉料杆 25 的类型是球头拉料杆，并用内六角平端紧定螺钉 26 固定，该类型拉料杆一般适用于推板推出结构；在左视图的型腔 18 上有冷却水道孔，用于进行水循环，使塑件定型。该视图未能表现出一次成型可以生产塑件的个数，故在图 1—27 中表示。

如图 1—27 所示为烟灰缸模具装配图的俯视图，结合图 1—26 可以看出吊环孔设置在型芯固定板上，其目的是方便将模具起吊后在注射成型机中放入或者取出。从图中可以知道该模具为一模两腔，即注射一次，成型两个塑件。在俯视图上表示该模具大小为 250 mm × 250 mm。

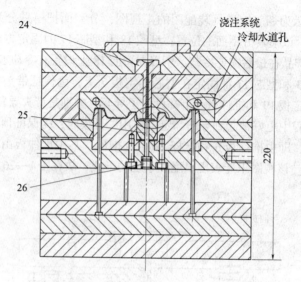

图1—26　烟灰缸模具装配图的左视图

24—浇口套　25—拉料杆　26—内六角平端紧定螺钉

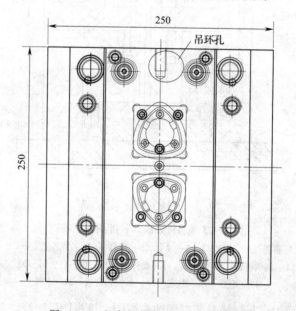

图1—27　烟灰缸模具装配图的俯视图

　　如图1—28所示为烟灰缸模具装配图的仰视图，该视图理论上可以不绘制，但是考虑到模具装配图的特殊性，塑料成型模具分为动模和定模两部分，俯视图一般可以有两种投影方法：第一种是从定位圈往下投影，这样大部分零件会看不到，只能用虚线表示；第二种是从分型面（即动模部分）往下投影，这样动模部分能够表示清楚，但忽略了定模部分的情况。所以，采用第四个视图即仰视图来表示定模部分的投影关系。该模具的冷却水道是在定模即型腔上的，所以图1—28很清楚地表达了冷却水道的布局。

　　如图1—29所示为烟灰缸模具装配图的技术要求，它详细地阐述了模具装配时的一些特殊要求，通常写在标题栏的旁边即可。

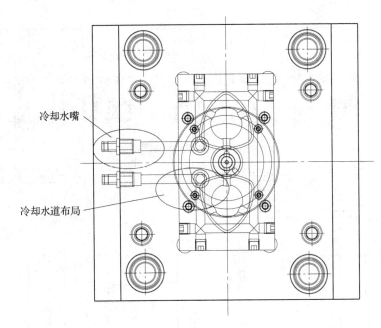

图 1—28　烟灰缸模具装配图的仰视图

技术要求

1. 装配时对两分型面进行修研，应使垂直分型面接触吻合，水平分型面稍留有间隙，间隙为0.01~0.02。
2. 检查各活动机构是否适当，保证没有松动和咬死现象。
3. 装配后进行试模验收，脱模机构不得有干涉现象，塑件质量要达到设计要求。
4. 顶出高度不大于25。
5. 标准模架: 2025-DI-A50-B30-C70。

图 1—29　烟灰缸模具装配图的技术要求

2）斜面分型面的注塑模总装配图如图 1—30 所示。

如图 1—31 所示为斜面分型面模具装配的主视图，斜面分型面把模具分为动模和定模两个部分。

定模部分，型腔镶块 4 和 21 由内六角螺钉固定于浇口板上；动模部分，型芯镶块 6 和 18 由内六角螺钉固定于动模托板上。在这副模具中，型腔部分结构较简单，无须开设冷却系统，而在结构较复杂的型芯部分，由于空间有限，为了实现内循环，尽可能提高冷却效果，因此在冷却水孔中设有隔水板 8 和 20，一侧进水一侧出水。从主视图可以看出，开模时塑件及浇注系统凝料由 Z 形拉料杆 15 拉下，并由顶杆 13 和 17 顶出。

关于浇注系统设计方面，主视图仅反映了主流道，为了看清分流道的走向就需要看俯视图。如图 1—32 所示为斜面分型面模具装配的俯视图，从俯视图中可以看出该副模具为一模三腔，且三腔形状不同，左侧和上侧所需熔料较少，右下角的塑件所需熔料较多，故在靠近右下角塑件的分流道一侧设有冷料穴，以储存前锋冷料，防止其注入型腔而影响塑件成型。俯视图还表达了几个塑件的外形尺寸及模板尺寸。

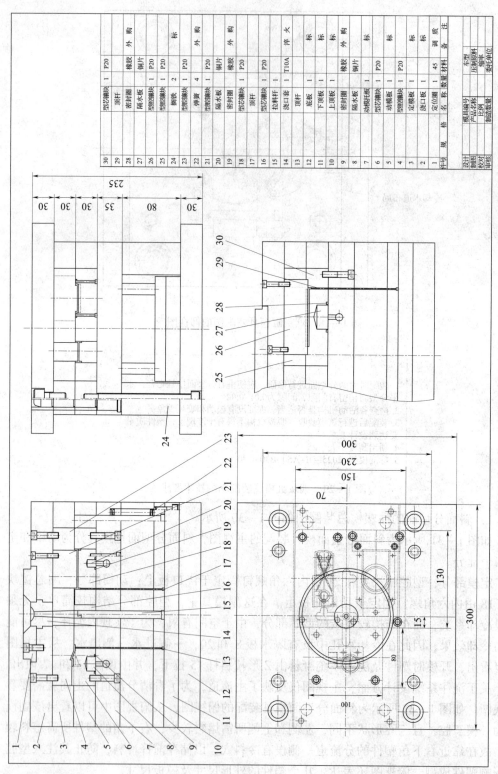

图 1—30 斜面分型面模具总装图

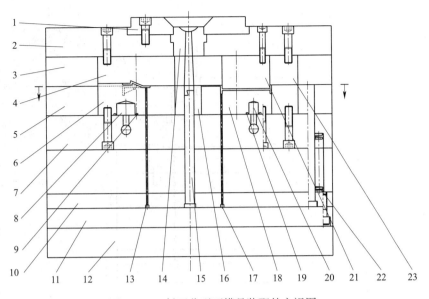

图 1—31　斜面分型面模具装配的主视图

1—定位圈　2—定模座板　3—定模板　4、21—型腔镶块　5—动模板　6、18—型芯镶块
7—支承板　8、20—隔水板　9、19—密封圈　10—推杆固定板　11—推板　12—动模座板
13、17—顶杆　14—浇口套　15—拉料杆　16、23—镶块　22—定位销钉

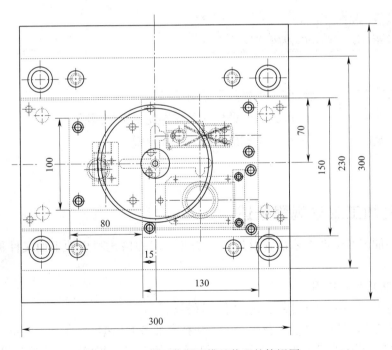

图 1—32　斜面分型面模具装配的俯视图

为了了解模具的其他外形尺寸，就要参阅左视图。左视图中标注了每块重要模板的厚度、模具总高度及塑件型芯的设置情况。本装配图还有一副局部视图（见图 1—33），主要补充了左视图没有反映清楚的顶杆位置，即顶在壁厚最厚的塑件外缘。

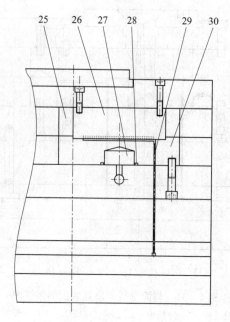

图1—33 斜面分型面模具装配的局部视图
25—型腔镶块套 26—型腔镶块 27—隔水板 28—密封圈 29—顶杆 30—型芯镶块

第2节 编制工艺

→ 能设计模具工艺与结构

→ 能编制注塑模成型零件加工工艺规程

→ 能阅读和应用相关技术资料

一、模具加工工艺规程概述

将零件加工的全部工艺过程及加工方法按一定的格式写成的书面文件称为工艺规程。

1. 工艺规程的作用

（1）它是组织生产和计划管理的重要资料。

（2）它是新产品投产前进行生产准备和技术准备的依据。

（3）在新建和扩建企业或车间时必须有产品的全套工艺规程作为决定设备、人员、车间面积、投资预算等的原始资料。

（4）行之有效的先进工艺规程还起着交流及推广先进经验的作用，有利于其他企业缩短试制过程，提高工艺水平。

2. 模具加工工艺规程

（1）模具零件工艺规程的基本要求

1）工艺方面。工艺规程要全面、可靠和稳定地保证达到设计图上所要求的尺寸精度、形状精度、位置精度、表面质量和其他技术要求。

2）经济方面。工艺规程要在技术要求和完成生产任务的条件下，使得生产成本最低。

3）生产率方面。工艺规程要在保证技术要求的前提下，以较少的工时来完成加工制造。

4）劳动条件方面。工艺规程必须保证工人具有良好而安全的劳动条件。

（2）制定零件工艺规程的步骤

制定零件工艺规程时，首先必须认真研究原始资料，具体包括以下几点：

1）产品的整套装配图和零件图。

2）生产纲领和生产类型。

3）毛坯的情况以及本企业的生产条件。

4）研究学习必要的标准手册和相似产品的工艺规程。

（3）编制工艺规程一般可按以下步骤进行

1）研究模具的装配图和零件图，进行工艺分析。

2）确定毛坯种类、尺寸及其制造方法。

3）拟定零件加工工艺路线。

4）确定各工序的加工余量，计算工序尺寸和公差。

5）确定各工序的切削参数和工时定额。

6）配置相应的机床、刀具、夹具、工具、量具。

7）填写工艺文件。

（4）模具制造工艺规程的文件化和格式化

1）工艺规程的内容要求

①工艺规程应具有模具或零件的名称、图号、材料、加工数量、技术要求等；有编制、审核、批准者的签字栏和签字日期。

②工艺规程必须明确毛坯尺寸和供货状态（锻坯、型坯）。

③工艺规程必须明确工艺定位基准，该基准力求与设计基准一致。

④工艺规程必须确定成型件的加工方法和顺序；确定各工序的加工余量、工序尺寸和公差要求以及工艺装备、设备的配置。

⑤工艺规程必须确定各工序的工时定额。

⑥工艺规程必须确定装配基准（应力求与设计基准和工艺基准一致）及装配顺序、方法和要求。

⑦工艺规程必须确定试模要求和验收标准。

2）工艺规程的常用格式。工艺规程包括机械加工工艺规程、装配工艺规程和检验规程三部分，但通常以加工工艺规程为主，而将装配和检验规程的主要内容加入其中。生产中常以工艺过程卡和工序卡来指导、规范生产。

二、模具加工工艺卡片的编制及填写

完成模具零件加工工艺方案的分析及确定各种加工数据后，填写机械加工工艺过程卡和机械加工工序卡。工序卡上绘制的工序图可适当缩小或放大。工序图可以简化，但必须画出轮廓线，被加工表面及定位、夹紧部位。被加工表面必须用粗实线或其他不同颜色的线条表示。定位用符号表示；辅助支承用符号表示；夹紧力和方向用符号表示。工序图上表示的零件位置必须是本工序零件在机床上的加工位置。

模具制造是模具设计过程的延续，它以模具设计图样为依据，通过对原材料的加工和装配，使其成为具有使用功能的特殊工艺装备。模具制造主要包括模具工作零件的加工、标准件的补充加工、模具的装配与试模。其中编制模具零件加工工艺规程是模具制造的前期工作，模具零件加工工艺规程是指导模具加工的工艺文件。加工工艺卡示例见表1—4。

表1—4　　　　　　　　　　　加工工艺卡

零件加工工艺卡片				
零件名称	端盖			
零件号				
工序号	工序名称	工序内容	设备	工序简图
1	备料	备 φ20 mm×50 mm 圆柱销	标准件	
2	钳	划线、打样冲眼，按图示位置 钻 φ10.2 mm 通孔 攻 M12 螺纹	游标高度卡尺 钻床 丝锥	
3	打孔	按图示位置打线切割穿丝孔	打孔机	
4	线切割	线切割 φ4 mm 通孔及端面	线切割机	
5	检验	校核形状、尺寸	游标卡尺	

三、加工和准备步骤

1. 毛坯选择

（1）毛坯的分类和选择原则

各类毛坯的特点及适用范围见表1—5。

表1—5　　　　　　　　　各类毛坯的特点及适用范围

毛坯种类	制造精度（IT）	加工余量	原材料	工件尺寸	工件形状	力学性能	适用生产类型
型材		大	各种材料	小型	简单	较好	各种类型
型材焊接件		一般	钢材	大、中型	较复杂	有内应力	单件
砂型铸造	13级以下	大	铸铁、铸钢、青铜	各种尺寸	复杂	差	单件小批
自由锻造	13级以下	大	钢材为主	各种尺寸	较简单	好	单件小批
普通模锻	11～15	一般	钢、锻铝、铜等	中、小型	一般	好	中、大批量

毛坯种类	制造精度 (IT)	加工余量	原材料	工件尺寸	工件形状	力学性能	适用生产类型
钢模铸造	10～12	较小	铸铝为主	中、小型	较复杂	较好	中、大批量
精密锻造	8～11	较小	钢材、锻铝等	小型	较复杂	较好	大批量
压力铸造	8～11	小	铸铁、铸钢、青铜	中、小型	复杂	较好	中、大批量
熔模铸造	7～10	很小	铸铁、铸钢、青铜	小型为主	复杂	较好	中、大批量
冲压件	8～10	小	钢	各种尺寸	复杂	好	大批量
粉末冶金件	7～9	很小	铁、铜、铝基材料	中、小尺寸	较复杂	一般	中、大批量
工程塑料件	9～11	较小	工程塑料	中、小尺寸	复杂	一般	中、大批量

毛坯的选择应根据所用材料、零件结构、复杂程度、生产类型和本企业的生产条件几个方面来决定。

（2）毛坯的形状和尺寸

工艺人员在分析产品图样后，应该决定所负责设计工艺过程的那部分零件的毛坯方案，然后在编制工艺过程的同时逐步决定毛坯尺寸和形状，画出毛坯图。

1）毛坯形状。根据零件形状选择合适的毛坯形状。

2）毛坯尺寸。根据所采用的毛坯方案，估计各表面的工序数，由各工序的加工余量决定毛坯的尺寸，即在原零件尺寸基础上加上各表面在各工序所有加工余量的总和（总加工余量），构成毛坯的尺寸。然后根据毛坯制造和零件机械加工所要求的结构工艺性修改其形状，绘制毛坯图。

3）毛坯尺寸的确定方法。毛坯的形状和尺寸主要由零件组成表面的形状、结构、尺寸及加工余量等因素确定，并尽量与零件相接近，以减少机械加工的劳动量，达到少切削或无切削加工。

但是，由于现有毛坯制造技术及成本的限制，以及产品零件的加工精度和表面质量要求越来越高，所以，毛坯的某些表面需留有一定的加工余量，以便通过机械加工达到零件的技术要求。

毛坯的形状和尺寸的确定，除了将毛坯余量附在零件相应的加工表面上之外，有时还要考虑到毛坯的制造、机械加工及热处理等技术因素的影响。在这种情况下，毛坯的形状可能与工件的形状有所不同。

2．加工余量的确定

加工余量的公差带一般按"入体方向"分布在零件的加工表面上。毛坯尺寸的公差一般采用双向标注，如图 1—34 所示。

（1）影响工序余量的因素

1）上道工序的尺寸公差。

2）上道工序的表面粗糙度（表面轮廓最大高度）和表面缺陷层厚度。

3）本工序加工时的安装误差，包括定位误差、夹紧误差（夹紧变形）及夹具安装误差。

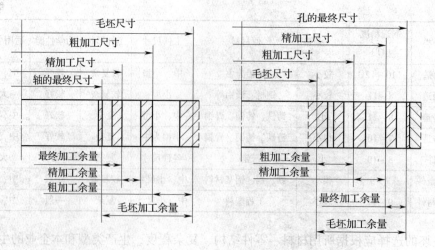

图1—34 加工余量和毛坯余量

4）上道工序留下的平面度、直线度等形状误差。

（2）确定加工余量的三种方法

1）分析计算法。如果对影响加工余量的因素比较清楚，则采用计算法确定加工余量比较准确。要弄清楚影响余量的因素，必须具备一定的测量手段，掌握必要的统计分析资料。

2）查表修正法。是指以工艺手册、生产实践和各种试验研究积累的有关加工余量的资料数据为基础，并结合实际的加工情况来确定加工余量的方法，应用比较广泛。在查表时应注意表中的数据是公称值，对称表面（轴和孔）的加工余量是双边值，非对称表面的加工余量是单边值。

3）经验估算法。是指根据工艺人员的实践经验来确定加工余量的方法。这种方法不太准确，并且为了避免因加工余量不够而产生废品的情况，估计的加工余量一般偏大，常用于模具零件的生产中。

3. 加工顺序的确定

零件的被加工表面不仅有自身的精度要求，而且各表面之间还常有一定的位置要求，在零件的加工过程中要注意基准的选择与转换。安排加工顺序时应遵循以下原则：

（1）先粗后精

即先进行粗加工，再进行半精加工，最后进行精加工和光整加工。

（2）基面先行

先加工基准表面，后加工其他表面。在零件加工的各阶段，应先把基准面加工出来，以便后续工序用它来定位加工其他表面。

（3）先主后次

先加工主要表面，后加工次要表面。零件的工作表面、装配基面等应先加工，而键槽、螺孔等往往与主要表面之间有相互位置要求，一般应安排在主要表面之后加工。

（4）先面后孔

先加工平面，后加工内孔。对于箱体、模板类零件，平面的轮廓尺寸较大，用它定位稳定、可靠。一般总是先加工出平面作为精基准，然后加工内孔。

4. 加工设备的选择及模具零件尺寸公差的确定

（1）加工设备的选择

1）用普通钻床加工。加工过程如下：毛坯→铣（刨）六面→磨六面→划线→在钻床上加工。通过纵、横向移动工作台确定孔距，孔距精度低（±0.04 mm），加工效率低，如图1—35 所示。

2）用立式铣床加工。通过纵、横向移动工作台确定孔距，加工孔距精度较低（0.06～0.08 mm）。当纵、横向移动带有数显装置时，孔距精度可达±0.02 mm，如图1—36 所示。

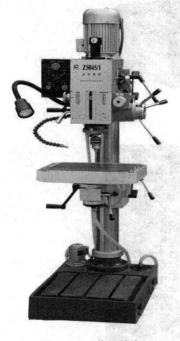

图1—35　普通钻床　　　　　　　　　　　　图1—36　立式铣床

3）用坐标镗床（见图1—37）或坐标磨床（见图1—38）加工。加工孔距精度高，加工表面较光洁，但型孔热处理后易发生变形而影响精度。为了保证精度，热处理后应在坐标磨床上精加工。

4）电火花线切割。线切割机床如图1—39 所示。热处理后加工型孔，模具尺寸精度高，质量好，但加工尺寸受限制，孔壁呈条纹状。具体加工过程如下：

准备毛坯→刨削六面→磨削六面→划线，加工销孔、螺孔→铣削型孔内废料，钻穿丝孔→热处理→磨基准面→线切割型孔→稳定性回火→研磨凹模型孔→磨销孔→磨基准面及外形尺寸→精研凹模刃口。

5）电火花加工。电火花机床如图1—40 所示。型孔表面有颗粒状麻点，有利于润滑，但电极损耗使型孔产生斜度。具体加工过程如下：

准备毛坯→刨削六面→磨基准面→划线，划型孔轮廓及螺孔→切除中心余料→加工

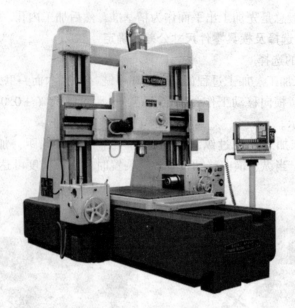

图1—37　单柱坐标镗床

图1—38　坐标磨床

螺孔、销孔→热处理→磨上、下面→退磁处理→电火花加工型孔。

电火花加工型孔的方法有直接法、间接法、混合法、二次电极法。加工方法的选择主要根据凸模和凹模的间隙而定。

（2）工序尺寸及其公差的确定

1）确定毛坯总余量和工序余量。

2）确定工序公差。最后一道工序的尺寸公差等于或小于设计尺寸公差，其余工序公差按经济精度确定。

3）计算工序基本尺寸。从零件图上的设计尺寸开始，一直往前推算到毛坯尺寸，某工序基本尺寸等于后道工序基本尺寸加上或减去后道工序余量。

图 1—39　线切割机床

图 1—40　电火花机床

4）标注工序尺寸公差。最后一道工序的公差按设计尺寸标注，其余工序尺寸公差按入体方向标注。

5. 材料及热处理要求的确定

一般来说，应根据模具生产和使用条件的要求，结合模具材料的性能和其他因素选择符合要求的模具材料。在塑料制品成型模具中，塑料的种类、生产的批量、塑料的复杂程度、尺寸精度、表面粗糙度等质量要求是决定注塑模材料的主要因素。

（1）注塑模成型零件的选用

由于成型塑料的种类不同和对塑料制品的尺寸、形状、精度、表面粗糙度等的要求不同，对注塑模用材料分别提出了耐磨损、耐腐蚀、耐压、无磁性、微变形、镜面磨削等不同的要求。注塑模成型零件用材料大致可分为以下几种类型：

1）成型通用型塑料的模具材料。用于生产聚乙烯、聚丙烯等通用型塑料制品的模具。

①当生产批量较小，对尺寸精度和表面粗糙度无特殊要求，而且模具截面尺寸不大

时，可以采用优质碳素结构钢 45 钢或低碳钢 10 钢、20 钢制造。

②当生产批量较大、模具尺寸较大或形状复杂、对精度要求高的工件时，则采用淬透性较高的合金模具钢。

③当成型对精度和表面质量要求很高的塑料制品时，往往采用经过电渣重熔或真空自耗电极重熔的合金模具钢。

2）成型增强塑料的模具材料。对于生产添加玻璃纤维等无机增强剂的热塑性塑料的注塑成型模具和热固性塑料挤压成型模具，为了提高模具型腔表面的耐磨性，这类注塑模通常采用冷作模具钢制造。

3）成型腐蚀性介质的模具材料。对生产聚氯乙烯、氟塑料或添加阻燃剂的阻燃塑料的成型模具，由于在成型过程中模具会接触腐蚀性介质，应选用耐腐蚀性好的注塑模具钢。

4）成型磁性塑料的模具材料。成型磁性塑料的模具一般多选用无磁模具材料制造，如不锈钢模具经渗氮处理后使用，或采用 Mn13 型耐磨奥氏体钢或无磁钢，如70Mn15Cr4Al3V2WMo。

5）成型透明塑料制品的模具材料。对于成型透明塑料制品的模具，一般选用实效硬化钢制造，如 06Ni、18Ni、PMS、PCR、SM2 等，也可选用预硬钢 SM1、Y82 和空冷12 钢等。

另外，小型芯和镶件常以棒材作为原料，采用淬火变形小、淬透性好的高碳合金钢，经热处理后在磨床上直接研磨至镜面。常用 9CrWMn、Cr12MoV、3Cr2W8V 等钢种，淬火后回火硬度大于或等于 55HRC，有良好的耐磨性；也可采用高速钢基体的65Nb（65Cr4W3Mo2VNb）新钢种；价廉但淬火性能差的 T8A、T10A 也可采用。注塑模各种成型零件材料的选用见表 1—6。

表 1—6　　　　　　　　　注塑模各种成型零件材料的选用

工作条件	推荐钢号
生产塑料产品批量较小、精度要求不高、尺寸不大的模具	45 钢、55 钢或用 10 钢、20 钢进行渗碳
在使用过程中有交变载荷，塑料产品生产批量较大，受磨损较严重的注塑模	12CrNi3A、20Cr、20CrMnMo、20Cr2Ni4 进行渗碳
大型、复杂、生产塑料产品批量较大的塑料注塑成型模具或挤压成型模具	3Cr2Mo、4Cr3Mo3SiV、5CrNiMo、5CrMnMo、4Cr5MoSiV、4Cr5MoSiV1
热固性注塑成型模及要求高耐磨、高强度注塑模	9Mn2V、7CrMn2Mo、CrWMn、MnCrWV、Cr2Mn2SiWMoV、Cr5WV、Cr12MoV、Cr12
耐腐蚀和高精度的注塑模	4Cr13、9Cr18、Cr18MoV、Cr14Mo、Cr14Mo4V
复杂、精密、高耐磨注塑模	25CrNi3MoAl、18Ni－250、18Ni－300、18Ni－350

（2）注塑模结构零件材料的选用

对注塑模结构零件的强度、硬度、耐磨性、耐腐蚀性等的要求都比成型零件低，所以，一般选用通用材料就能满足使用性能的要求。

（3）常用模具通用零件材料的适用范围与热处理方法（见表1—7）

表1—7 **常用模具通用零件材料的适用范围与热处理方法**

模具零件	使用要求	模具材料	热处理		说明
导柱、导套	表面耐磨、有韧性、抗弯曲、不易折断	20 钢、20Mn2B	渗碳淬火	≥55HRC	
		T8A、T10A	表面淬火	≥55HRC	
		GCr15	表面淬火	≥55HRC	
主流道衬套	耐磨性好，有时要求耐腐蚀	45 钢、50 钢、55 钢以及可用于成型零部件的其他模具材料	表面淬火	≥55HRC	
顶杆、拉料杆等	一定的强度和耐磨性	T8、T8A、T10、T10A	淬火、低温回火	≥55HRC	
		45 钢、50 钢、55 钢	淬火	≥45HRC	
各种模板、推板、固定板、模座等	一定的强度和刚度	45 钢、50 钢、40Cr、40MnB、40MnVB、45Mn2	调质	≥200HBW	
		结构钢 Q235～Q275			
		HT200			仅用于模座
		球墨铸铁			用于大型模具

（4）常用模具工作零件材料的适用范围与热处理方法（见表1—8）

表1—8 **常用模具工作零件材料的适用范围与热处理方法**

模具零件	使用要求	模具材料	热处理		说明
成型零部件	强度高、耐磨性好、热处理变形小，有时还要求耐腐蚀	9Mn2V、9CrSi、GCr15、CrWMn、9CrWMn	淬火、低温回火	≥55HRC	用于塑件批量大，强度、耐磨性要求高的模具
		4Cr5MoSiV、Cr6WV、Cr12MoV、4Cr5MoSiV1	淬火、中温回火	≥55HRC	用于塑件批量大，强度、耐磨性要求高的模具，但热处理变形小，抛光性能较好
		5CrMnMo、5CrNiMo、3Cr2W8V	淬火、中温回火	≥46HRC	用于成型温度高、成型压力大的模具
		T8、T8A、T10、T10A、T12、T12A	淬火、低温回火	≥55HRC	用于塑件形状简单、尺寸不大的模具
		38CrMoAlA	调质、氮化	≥55HRC	用于耐磨性要求高并能防止热咬合的活动成型零件

模具零件	使用要求	模具材料	热处理		说明
成型零部件	强度高、耐磨性好、热处理变形小，有时还要求耐腐蚀	45钢、50钢、55钢、40Cr、42CrMo、35CrMo、40MnB、40MnVB、33CrNi3MoA、37CrNi3A、30CrNi3A	调质、淬火（或表面淬火）	≥55HRC	用于批量生产塑件热塑性的注塑模
		10钢、15钢、25钢、12CrNi2、12CrNi3、12CrNi4、20Cr、20CrMnTi、20CrNi4	渗碳淬火	≥55HRC	容易切削加工或采用塑性加工方法制作小型模具的成型零部件
		铍铜			导热性优良、耐磨性好、可铸造成型
		锌基合金、铝合金			用于塑件试制或中、小批量生产中的模具成型零部件，可铸造成型
		球墨铸铁	正火或退火	正火≥200HBW 退火≥100HBW	用于大型模具

第3节 划线

→ 了解划线操作的基本内容
→ 掌握划线加工的基本方法

一、划线的概念及作用

1. 划线的概念

根据图样和技术要求，在毛坯或半成品上用划线工具划出加工界线，或划出作为基准的点、线的操作过程称为划线，如图1—41所示。

2. 划线的主要作用

(1) 根据工艺要求，确定工件的加工余量。

(2) 便于复杂工件在加工中的装夹、定位。

(3) 及时发现不合格毛坯，减小损失。

(4) 合理安排毛坯的加工余量，减少废品的产生。

(5) 利于正确排料，使材料合理使用。

二、划线的种类及划线基准的种类

1. 划线的种类

划线分为平面划线和立体划线两种。按所划线在加工过程中的作用，又分为找正线、加工线和检验线。

（1）平面划线

只需在工件一个表面上划线就能明确表示工件加工界线的，称为平面划线，如图1—41所示，如在板料、条料上划线。平面划线又分为几何划线法和样板划线法两种方法。

（2）立体划线

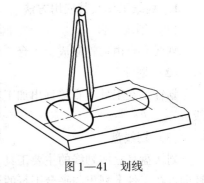

图1—41　划线

在工件两个以上的表面划线才能明确表示加工界线的，称为立体划线，如图1—42所示。如划出矩形块各表面的加工线以及机床床身、箱体等表面的加工线都属于立体划线。

2. 划线基准的种类

（1）以两个相互垂直的平面或直线为划线基准，如图1—42a所示。

（2）以两条互相垂直的中心线为划线基准，如图1—42b所示。

（3）以一个平面和一条中心线为划线基准，如图1—42c所示。

由于划线时在零件每一个方向的尺寸中都需要选择一个基准，因此，平面划线时一般要选择两个划线基准，而立体划线时一般要选择三个划线基准。

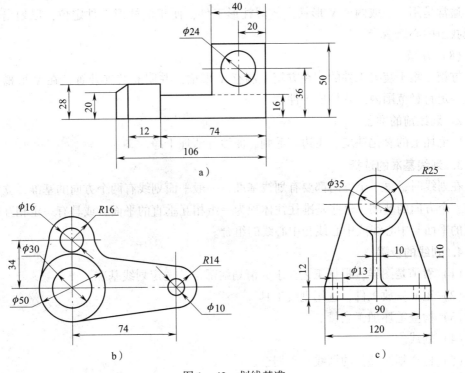

图1—42　划线基准

三、划线的方法

1. 划线工具及其使用方法

（1）划线平台

划线平台由铸铁制成，平台工作表面经过精刨或刮削加工，为划线的基准面。

（2）划针

划针是在工件上直接划出加工界线的工具，常用钢直尺、直角尺或样板作导向来划线。

（3）划线盘

划线盘是立体划线的主要工具。按需要调节划针高度，并在平台上拖动划线盘，划针即可在工件上划出与平台平行的线，弯头端可用来找正工件的位置。

（4）圆规

圆规可以在工件上划圆和圆弧、等分线段、等分角度以及量取尺寸等。

（5）游标高度卡尺

游标高度卡尺是供划线盘量取尺寸用的。

（6）直角尺（宽座直角尺）

直角尺是钳工常用的测量垂直度的工具，划线时常用作划垂直线或平行线时的导向工具，也可用来调整工件基准在平台上的垂直度。

（7）V形铁（V形架）

通常是用一个或两个V形铁安放圆柱形工件，便于圆柱形工件定位，以划出中心线或找出中心。

（8）方箱

方箱是用于装夹工件的。在方箱上制有V形槽，并附有装夹装置，在V形槽上可装夹一定直径范围内的圆柱形工件。

2. 划线前的准备

将毛坯上的氧化铁皮、飞边、毛刺、泥沙等清理干净。

3. 划线基准的选择

在划线时，每一个方向都要有划线基准，一般平面划线有两个方向的基准，立体划线有三个方向的基准，这些基准往往体现为一组相互垂直的平面，或具有一定相互位置精度的平面与中心线或中心线与中心线的组合。

4. 划线的步骤

（1）看清楚图样，根据工艺要求弄清划线部位，选定划线基准。

（2）正确安放工件，选用划线工具。

（3）检查毛坯加工余量。

（4）划线。

（5）检查划线部位的划线是否划全。

（6）在已划完的线条上用样冲冲眼，以显示明确的界线。

第 4 节　孔加工

→ 掌握孔加工的方法
→ 能使用钻床钻孔
→ 能使用铰刀铰孔

　　孔是箱体、支架、套筒、环、盘类零件上的重要表面，也是机械加工中经常遇到的表面，如图 1—43 所示为孔加工模拟三维图。孔的加工方法有钻孔、扩孔、铰孔、镗孔、拉孔、磨孔等，如图 1—44 所示为孔加工的各种刀具。

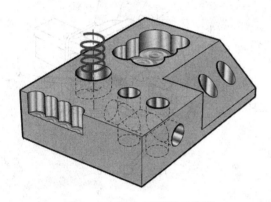

图 1—43　孔加工模拟三维图

图 1—44　孔加工的各种刀具

一、钻孔

　　钻孔是孔的粗加工方法，可加工直径为 1～125 mm 的孔，孔的尺寸精度在 IT10 级以下，而孔的表面粗糙度一般只能控制在 $Ra12.5$ μm。对于精度要求不高的孔，如螺栓的贯穿孔、油孔和螺纹底孔，可直接采用钻孔的方法加工。

　　1. 工件的划线和打样冲眼

　　钻孔前，应按钻孔的位置尺寸要求划出孔位的十字中心线，并打上中心样冲眼（要求样冲眼要小，位置要准），按孔的大小划出孔的圆周线。钻直径较大的孔时，还应划出几个大小不等的检查圆，以便钻孔时检查和借正钻孔位置。当钻孔的位置尺寸要求较高时，为了避免敲击中心样冲眼时所产生的偏差，也可直接划出以孔中心线为对称中心的几个大小不等的方框作为钻孔时的检查线，然后将中心样冲眼敲大，以便准确落钻定心，如图 1—45 所示。

　　2. 工件的装夹

　　在工件上钻孔时，要根据工件的不同形体以及钻削力的大小（或钻孔的直径大小）等情况，采用不同的装夹（定位和夹紧）方法，以保证钻孔的质量和安全。

常用的基本装夹方法如下：

（1）平整的工件可用机床用平口虎钳装夹。平口虎钳是一种通用夹具，常用于安装小型工件，它是铣床、钻床的随机附件，多固定在机床工作台上，用来夹持工件进行切削加工。如图1—46所示为各种台虎钳的结构与组成。装夹时，应使工件表面与钻头垂直。钻直径大于8 mm的孔时，必须将平口虎钳用螺栓、压板固定。用平口虎钳夹持工件钻通孔时，工件底部应垫上垫铁，空出落钻部位，以免钻坏平口虎钳。

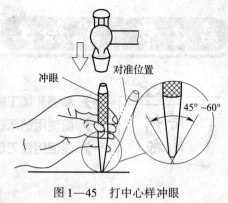

图1—45　打中心样冲眼

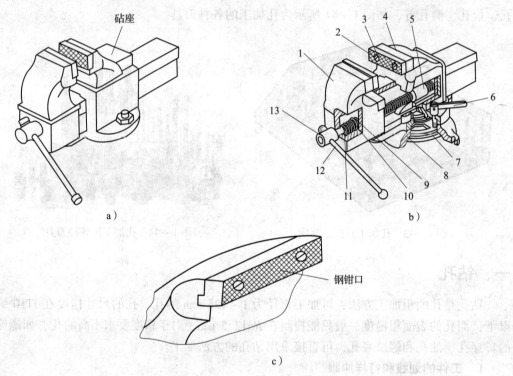

图1—46　各种台虎钳的结构与组成

a）固定式台虎钳　b）回转式台虎钳　c）钢钳口

1—活动钳身　2—螺钉　3—钢钳口　4—固定钳身　5—螺母　6—转座手柄
7—夹紧盘　8—转座　9—销　10—挡圈　11—弹簧　12—手柄　13—丝杆

（2）圆柱形工件可用V形铁（见图1—47）进行装夹。装夹时应使钻头轴线垂直通过对称平面，保证钻出孔的中心线通过工件轴线。

（3）对较大的工件且钻孔直径在10 mm以上时，可用压板夹持的方法进行钻孔。

在搭压板时应注意以下几点：

1）压板厚度与压紧螺栓直径的比例应适当，不要造成压板弯曲变形而影响压紧力。

2）压板螺栓应尽量靠近工件，垫铁应比工件压紧表面的高度稍高，以保证对工件有较大的压紧力，避免工件在夹紧过程中移动。

3）当压紧表面为已加工表面时，要用衬垫进行保护，以防止压出印痕。

（4）底面不平或加工基准在侧面的工件可用角铁进行装夹。由于钻孔时的轴向钻削力作用在角铁安装平面之外，因此角铁必须用压板固定在钻床工作台上。

（5）在小型工件或薄板件上钻小孔时，可将工件放置在定位块上，用手虎钳进行夹持。

（6）在圆柱形工件端面钻孔时，可利用三爪自定心卡盘（见图1—48）进行装夹。

图1—47　V形铁

图1—48　三爪自定心卡盘

3．钻头的装拆

（1）直柄钻头的装拆

直柄钻头用钻夹头夹持。先将钻头柄塞入钻夹头的三个卡爪内，其夹持长度不能小于15 mm，然后用钻夹头钥匙旋转外套，使环形螺母带动三个卡爪移动，做夹紧或放松动作。

（2）锥柄钻头的装拆

锥柄钻头用莫氏锥度直接与钻床主轴连接，当钻头的锥柄小于主轴锥孔时，可加过渡套进行连接。对套筒内的钻头和在钻床主轴上钻头的拆卸，主要利用两侧带圆弧的斜铁敲入套筒或钻床主轴上的长腰形孔内，利用斜铁的胀紧分力使钻头与套筒或主轴分离。

4．钻床转速的选择

钻削是孔加工的一种基本方法，常用的钻床有台式钻床、立式钻床和摇臂钻床。

（1）台式钻床

台式钻床简称台钻，是一种放在台面上使用的小型钻床。它的结构简单，操作方便，常用于小型工件的钻孔、扩孔。

（2）立式钻床

立式钻床简称立钻，是应用较为广泛的一种钻床。它的特点是主轴轴线垂直布置而且其位置固定。钻孔时，为使刀具旋转中心线与被加工孔的中心线重合，必须移动工件。因此，立式钻床适用于加工中、小型工件上的孔。如图1—49所示为几种不同型号立式钻床的外观。

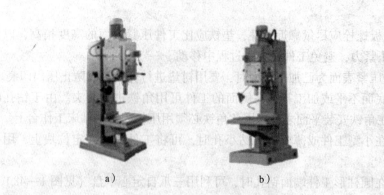

图1—49　不同型号立式钻床的外观

a）Z5132 型　b）Z5140 型

（3）摇臂钻床

在对大型工件进行多孔加工时，使用立式钻床很不方便，因为每加工一个孔工件就要移动找正一次，而使用摇臂钻床加工就方便得多。如图1—50 所示为几种不同型号摇臂钻床的外观。

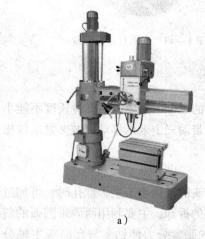

图1—50　不同型号摇臂钻床的外观

a）Z3032 型　b）Z3050 型

选择钻床转速时首先要确定钻头的允许切削速度 v。用高速钢钻头钻铸铁件时，$v = 14 \sim 22$ m/min；钻钢件时，$v = 16 \sim 24$ m/min；钻青铜或黄铜件时，$v = 30 \sim 60$ m/min。当工件材料的硬度和强度较高时取较小值（铸铁以 200HBW 为中值，钢以 $R_m = 700$ MPa 为中值）；钻头直径小时也取较小值（以 $\phi16$ mm 为中值）；钻孔深度 $L > 3d$ 时，还应将取值乘以 $0.7 \sim 0.8$ 的修正系数，然后用下式求出钻床转速 n。

$$n = \frac{1\ 000v}{\pi D}$$

式中　D——刀具直径。

5. 起钻

钻孔时，先使钻头对准钻孔中心起钻出一浅坑，观察钻孔位置是否正确，并要不断校正，使浅坑与划线圆同轴。借正方法如下：如偏位较少，可在起钻的同时用力将工件向偏位的反方向推移，达到逐步校正的目的；如偏位较多，可在校正方向打上几个样冲眼或用油槽錾錾出几条槽，以减小此处的钻削阻力，达到校正的目的。但无论采用何种方法，都必须在锥坑外圆小于钻头直径之前完成，这是保证达到钻孔位置精度要求的重要一环。如果起钻锥坑外圆已经达到孔径，而孔位仍偏移，再校正就困难了。

6. 手动进给操作

当起钻达到钻孔的位置要求后，即可压紧工件完成钻孔工作。手动进给时，进给用力不应使钻头产生弯曲现象，以免钻孔轴线歪斜；钻小直径孔或深孔时，进给用力要小，并要经常退钻排屑，以免切屑阻塞而扭断钻头，一般在钻孔深度达到直径的 3 倍时，一定要退钻排屑；孔将钻穿时，进给用力必须减小，以防止进给量突然过大，增大切削抗力，而造成钻头折断，或使工件随着钻头转动而造成事故。

7. 钻孔时的切削液

一般钢件可使用 3% ~ 5% 的乳化液，钻铸铁时可不加或用 5% ~ 8% 的乳化液连续加注。

8. 打磨

钻头磨钝后必须及时修磨。

二、扩孔

扩孔是孔的半精加工方法，一般加工精度为 IT10 ~ IT9 级，孔的表面粗糙度可控制在 $Ra6.3 ~ 3.2 \ \mu m$。如图 1—51 所示，当钻削 $d_w > 30 \ mm$ 的孔时，为了减小钻削力及扭矩，提高孔的质量，一般先用直径为 $(0.5 ~ 0.7) \ d_w$ 的钻头钻出底孔，再用扩孔钻进行扩孔，则可较好地保证孔的精度，控制表面粗糙度，且生产效率比直接用大钻头一次钻出时还要高。

扩孔钻的特点是齿数多（3 ~ 4 齿），不存在横刃，切削余量小，排屑容易，如图 1—52 所示。

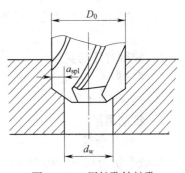

图 1—51　用扩孔钻扩孔

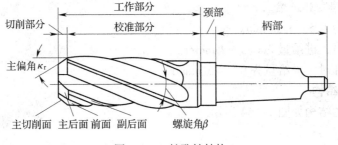

图 1—52　扩孔钻结构

三、铰孔

铰孔是孔的精加工方法，可加工精度为 IT7 级、IT8 级、IT9 级的孔，孔的表面粗糙

度可控制在 $Ra3.2 \sim 0.2 \ \mu m$。铰刀是定尺寸刀具，切削液在铰削过程中起着重要的作用。

1. 铰刀的类型

铰刀的类型如图 1—53 所示。

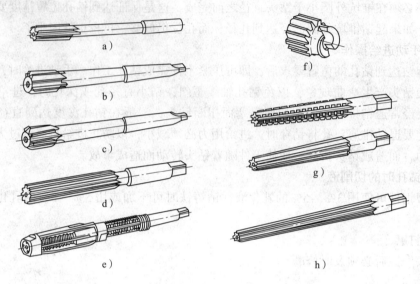

图 1—53　铰刀的类型

a）直柄机用铰刀　b）锥柄机用铰刀　c）硬质合金锥柄机用铰刀　d）手用铰刀
e）可调节手用铰刀　f）套式机用铰刀　g）直柄莫氏圆锥铰刀
h）手用 1∶50 锥度铰刀

2. 铰削过程的实质

铰削过程不完全是一个切削过程，而是包括切削、刮削、挤压、熨平、摩擦等效应的一个综合作用过程。

3. 铰削用量

（1）铰削余量

粗铰余量为 $0.10 \sim 0.35 \ mm$。

精铰余量为 $0.04 \sim 0.06 \ mm$。

（2）铰削速度和进给量

铰削速度为 $1.5 \sim 5 \ m/min$。

铰削钢件时，进给量为 $0.3 \sim 2 \ mm/r$。

铰削铸铁件时，进给量为 $0.5 \sim 3 \ mm/r$。

4. 铰刀的结构

手用铰刀的结构如图 1—54 所示。

四、镗孔

镗孔可对不同孔径的孔进行粗加工、半精加工和精加工，加工精度可达 IT7～IT6 级，孔的表面粗糙度可控制在 $Ra6.3 \sim 0.8 \ \mu m$，并能修正前道工序造成的孔轴线的弯曲、偏斜等几何误差。如图 1—55 所示为镗刀的结构。

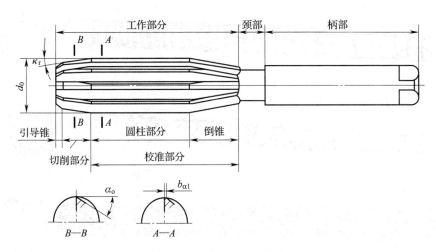

图 1—54 手用铰刀的结构

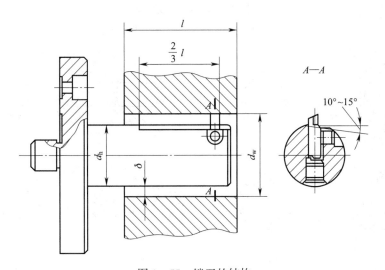

图 1—55 镗刀的结构

五、拉孔

拉削的生产效率高，精度高，质量稳定。拉削精度一般可达 IT9 ~ IT7 级，表面粗糙度一般可控制到 $Ra1.6 ~ 0.8 \mu m$。拉削表面的形状、尺寸精度和表面质量主要依靠拉刀的设计、制造及正确使用保证。拉削的成本低，经济效益高。拉刀是定尺寸、高精度、高生产效率的专用刀具，制造成本很高，所以，拉削加工只适用于批量生产，最好是大批大量生产，一般不宜用于单件、小批量生产。如图 1—56 所示为拉刀的类型。

1. 拉削工艺范围

由于拉刀结构复杂，制造成本高，且有一定的专用性，因此拉削主要用于大批大量生产。按加工表面特征不同，拉削分为内拉削和外拉削。如图 1—57 所示为常见的拉削形状。

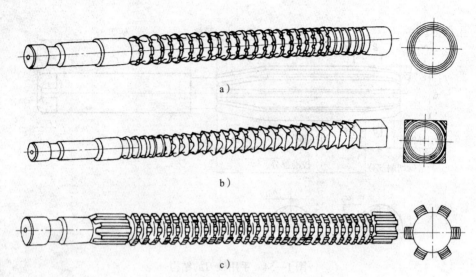

图 1—56　拉刀的类型

a）圆拉刀　b）四方拉刀　c）花键拉刀

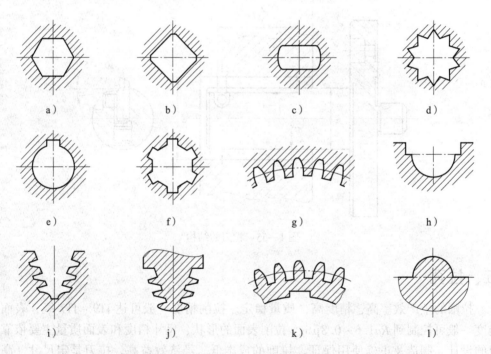

图 1—57　常见的拉削形状（a～g 为内拉削，h～l 为外拉削）

a）六边形孔　b）正方形孔　c）扁圆孔　d）三角形花键孔　e）矩形键槽

f）矩形花键孔　g）内齿轮　h）组合面　i）榫槽　j）叶片榫头

k）齿轮轮齿　l）组合凸半圆

（1）内拉削

内拉削用来加工各种截面形状的通孔和孔内通槽（见图 1—58），如圆孔、方孔、多边形孔、花键孔、键槽孔、内齿轮等。拉削前要有已加工孔，让拉刀能从中插入。拉削的孔径范围为 8～125 mm，孔深不超过孔径的 5 倍。特殊情况下，孔径范围可小到 3 mm，大到 400 mm，孔深可达 10 m。

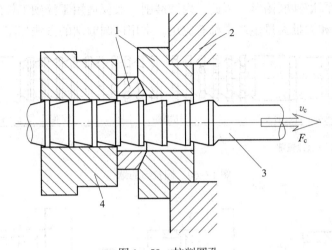

图 1—58　拉削圆孔

1—球面垫圈　2—拉床挡板　3—拉刀　4—工件

（2）外拉削

外拉削用来加工非封闭形表面（见图 1—59），如平面、成型面、沟槽、榫槽、叶片榫头、外齿轮等，特别适合于在大量生产中加工比较大的平面和复合型面，如汽车和拖拉机的气缸体、轴承座、连杆等。拉削型面的尺寸精度可达 IT8～IT5 级，表面粗糙度为 $Ra2.5～0.04$ μm，拉削齿轮精度可达 6～8 级。

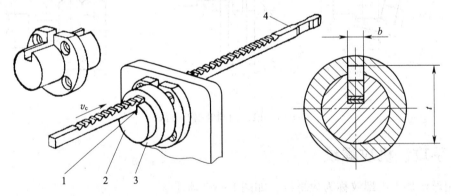

图 1—59　拉削键槽

1—垫片　2—心轴　3—工件　4—键槽拉刀

2. 拉刀的结构

如图 1—60 所示为圆拉刀的结构。

六、内圆磨削

磨削是零件精加工的主要方法之一。对长径比小的内孔，磨削的经济精度可达 IT6～IT5 级，表面粗糙度可控制到 $Ra0.8～0.2$ μm，还可加工较硬的金属材料和非金属材料，如淬火钢、硬质合金、陶瓷等。但内圆磨削与外圆磨削相比，存在以下一些主要问题：内圆磨削的表面比外圆磨削的粗糙，生产效率较低，磨削接触区面积较大、砂轮易堵塞、散热和切削液冲刷困难。因此，内圆磨削一般仅适用于淬硬工件的精加工，在单件、小批量生产和大批大量生产中都有应用。常用内圆磨削的方法如图1—61所示。

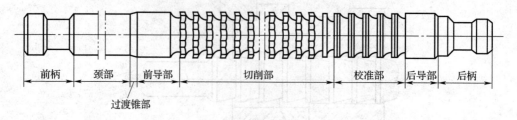

前柄　颈部　前导部　　切削部　　校准部　后导部　后柄

过渡锥部

图1—60　圆拉刀的结构

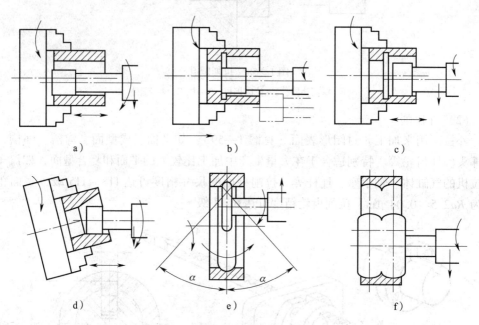

a)　　　　　　　b)　　　　　　　c)

d)　　　　　　　e)　　　　　　　f)

图1—61　内圆磨削的方法

七、手攻、机攻螺纹

用丝锥加工内螺纹称为攻螺纹，如图1—62所示。

1. 丝锥的分类

（1）按驱动方式分类

按驱动方式不同，丝锥分为手用丝锥和机用丝锥。

对于切削普通螺纹的标准丝锥，我国习惯上把制造精度较高的高速钢磨牙丝锥称为机用丝锥，把碳素工具钢或合金工具钢的滚牙（或切牙）丝锥称为手用丝锥，实际上两者的结构和工作原理基本相同。通常，丝锥由工作部分和柄部构成。工作部分又分为切削部分和校准部分，切削部分磨有切削锥，担负切削工作，校准部分用以校准螺纹的尺寸和形状。

图 1—62　攻螺纹

（2）按加工方式分类

按加工方式不同，丝锥分为切削丝锥和挤压丝锥。

（3）按被加工螺纹分类

按被加工螺纹不同，丝锥分为公制粗牙丝锥、公制细牙丝锥、管螺纹丝锥等。

（4）按形状分类

根据其形状不同，丝锥分为直槽丝锥、螺旋槽丝锥和螺尖丝锥。

1）直槽丝锥。它的通用性最强，通孔或不通孔、有色金属或黑色金属均可加工，价格也最低廉。但是它的针对性也较差，什么都可以加工，但什么都不是加工得最好的。切削锥部分可以有 2 牙、4 牙、6 牙，短锥用于不通孔，长锥用于通孔。只要底孔足够深，就应尽量选用切削锥长一些的，这样分担切削负荷的齿多一些，丝锥使用寿命也长一些。

2）螺旋槽丝锥。它比较适合加工不通孔螺纹，加工时切屑向后排出。由于螺旋角的缘故，丝锥实际切削前角会随螺旋角的增大而加大。以经验来说：加工黑色金属时，螺旋角选得小一点，一般在 30°左右，以保证螺旋齿的强度；加工有色金属时，螺旋角选得大一点，可在 45°左右，切削刃锋利一些。

3）螺尖丝锥。它在加工螺纹时切屑向前排出。它的心部尺寸设计得比较大，强度较高，可承受较大的切削力，加工有色金属、黑色金属效果都很好。通孔螺纹应优先采用螺尖丝锥。

2．手攻螺纹

（1）用普通丝锥手动攻螺纹的方法及技巧

在目前的实际生产中，许多螺纹由于形状和位置特殊，只能手动攻螺纹。对于小尺寸螺纹，其强度低，孔径小，机攻螺纹容易使丝锥折断，因此通常也手动攻螺纹。但是手动攻螺纹对工人技术水平要求相对较高，同时质量不易保证，故必须掌握正确的操作方法。

1）攻螺纹前应先用划线工具划线并钻好底孔，底孔孔口须倒角，倒角直径应略大于螺纹直径，这样可使丝锥开始切削时容易切入，同时可防止将孔口挤压出凸边。

2）夹持工件。用台虎钳将工件夹紧并装正，一般情况下，应将需要攻螺纹的一面水平放置，如工件形状不允许时可考虑将螺纹面置于垂直方向。将工件夹正有利于攻螺纹时均衡用力和控制攻螺纹速度及保证攻螺纹质量。

3）起攻。起攻时丝锥要放正。左、右手要相互配合，用一只手按住铰杠中部并沿丝锥轴线施压用力，另一只手配合做顺向旋进。当丝锥攻入 1~2 圈后，要及时从前后、左右两个方向用直角尺进行检查，保证丝锥与螺纹基面垂直。通常，丝锥攻入 3~4 圈后便可确定其方向，此时不再施加轴向压力，只需两只手握住铰杠两端均匀施力，将丝锥顺向旋进，在旋进过程中，要努力使丝锥中心线与孔中心线重合。丝锥切削部分全部进入工件时，要经常倒转 1/4~1/2 圈，使切屑及时排除，避免因切屑阻塞而将丝锥卡住。

4）攻螺纹时，必须以头攻、二攻、三攻的顺序进行，直至攻削至标准尺寸为止。对于较硬的材料，则应轮换各丝锥交替攻削，以减小切削部分负荷，防止丝锥折断。

（2）普通丝锥攻螺纹中常出现的问题

1）问题一：螺纹表面质量差，表面粗糙度值太大

原因分析：导致攻螺纹质量差的原因很多，影响较大的主要包括：工件材料硬度低，攻螺纹时排屑困难；丝锥刃磨的参数选择不合理，造成丝锥刃磨质量差，攻螺纹质量差；攻螺纹时切削速度太高，切削液选择不合理；丝锥长时间使用，磨损严重。

解决办法：为了提高螺纹表面质量，在攻螺纹前应采取一定的防范措施。对于材料硬度较低的工件，攻螺纹前应对其进行热处理，通过热处理工艺适当提高其硬度；刃磨丝锥时，可适当加大丝锥前角，减小切削锥角，提高丝锥的刃磨质量，保证丝锥前面有较低的表面粗糙度值；攻螺纹时，根据工件材料特性，合理选择切削速度，使用润滑性好的切削液；丝锥长时间使用后，若磨损严重应及时更换，使用新的丝锥攻螺纹。

2）问题二：螺纹中径过大或过小

原因分析：引起螺纹中径太大或太小的原因首先是丝锥的精度等级选择不合适；其次，刃磨参数选择不合适也会造成螺纹中径不符合图样要求；最后，切削速度太高或太低、丝锥与工件同轴度精度低等都是造成螺纹中径过大或过小的常见因素。

解决办法：攻螺纹前应根据图样要求，认真分析攻螺纹工艺，根据工艺选择合适的丝锥精度等级，合理选择丝锥刃磨参数及切削速度，攻螺纹时应校正丝锥和螺纹底孔的同轴度，切削时应及时清除刃磨丝锥时产生的毛刺。

3）问题三：丝锥磨损太快、崩齿甚至折断

原因分析：攻螺纹时切削速度太高，丝锥使用时间过长容易使丝锥磨损严重；丝锥淬火硬度太高，每齿切削厚度太大则容易引起丝锥崩齿；排屑不好、丝锥与螺纹底孔不同轴、被加工材料质地不均匀、切削速度太高则是造成丝锥折断的主要原因。

解决办法：用丝锥攻螺纹时，应合理选择切削速度，并对丝锥进行热处理，降低其硬度，对磨损严重的丝锥应及时更换，同时要保证丝锥与螺纹底孔的同轴度。

（3）从螺孔中取出折断丝锥的方法

攻螺纹的过程中，丝锥折断在螺孔中的事件常有发生，尤其是在加工尺寸较小的内螺纹时，若攻螺纹时用力不当，或者丝锥使用方法不正确，则极易使丝锥发生断裂，卡在螺孔中。目前较常用的从螺孔中顺利取出折断的丝锥的方法有以下几种：

1）折断的丝锥露出螺孔时，通常可用钳子拧出或用錾子剔出，外露部分较短时，则可在外露的断锥上焊接一个六角螺母，然后用扳手将其旋出。

2）当丝锥折断部分在孔内时，可在带方榫的断丝锥上拧两个螺母，用钢丝（根数

与丝锥槽数相同）插入断丝锥和螺母的空槽中，然后用铰杠按退出方向扳动方榫，把断丝锥取出。

3）当丝锥折断并紧紧地楔在金属内时，一般很难使丝锥的切削刃与工件脱开，此时可用一个尖錾抵在丝锥的容屑槽内，用锤子按螺纹的正、反方向反复轻轻敲打，直到丝锥松动为止。

4）先用氧—乙炔焰或喷灯使丝锥退火，然后用直径比螺纹底孔直径小的钻头对准螺孔中心钻孔，钻好孔后再打入一个扁形或方形冲头，然后用扳手慢慢旋出丝锥。

5）丝锥通常用合金工具钢制造而成，其耐硝酸腐蚀能力较弱，当攻削不锈钢材料的工件时，由于不锈钢能耐硝酸腐蚀，因此，可将带折断丝锥的工件放入硝酸溶液中进行腐蚀，待丝锥腐蚀到一定程度时可顺利取出。

3. 机攻螺纹

由于手攻螺纹存在生产效率低、质量不稳定的问题，因此，在实际大批量生产中主要采用质量好、生产效率高、生产成本低的机攻螺纹。但是在机攻螺纹的过程中，也必须正确地使用机器和工具；否则，也将影响螺孔的加工质量。

（1）机床自身的精度

钻床主轴的径向圆跳动误差一般应调整在 0.05 mm 以内，如果攻削螺孔的精度较高，主轴的径向圆跳动误差应不大于 0.02 mm。装夹工件的夹具定位支承面与钻床主轴中心线或丝锥中心线的垂直度误差应不大于 0.05 mm/100 mm。工件的螺纹底孔与丝锥的同轴度误差一般应不大于 0.05 mm。

（2）攻螺纹的操作方式

当丝锥即将攻完螺纹时，进刀要轻、慢，以防止丝锥前端与工件的螺纹底孔产生干涉，发生撞击而损坏丝锥。当攻不通孔螺纹或深度较大的螺孔时，应使用攻螺纹安全夹头来承受切削力。安全夹头承受的切削力必须按照丝锥的大小进行调节，以免丝锥折断或攻不进去。在丝锥切削部分长度的攻削行程内，应在钻床进给手柄上旋加均匀、合适的压力，以协助丝锥进入底孔内，这样可避免由于靠开始几牙不完整的螺纹向下去拉主轴时将螺纹刮烂。当校准部分进入工件时，可靠螺纹自然的旋进进行攻削，以免将牙型切瘦。攻通孔螺纹时，应注意丝锥的校准部分不能全部露出头；否则，在反转退出丝锥时将会产生乱牙现象。

（3）切削速度的选择

攻螺纹的切削速度主要根据切削材料、丝锥中径、螺距、螺孔的深度等情况而定。一般当螺孔深度为 10~30 mm，工件为下列材料时，其切削速度大致如下：对于钢材，$v = 6~15$ m/min；对于调质后的钢材或较硬的钢材，$v = 5~10$ m/min；对于不锈钢，$v = 2~7$ m/min；对于铸铁，$v = 8~10$ m/min。在同样条件下，丝锥直径小，取相对高速；丝锥直径大，取相对低速，螺距大取低速。

（4）切削液的选择

机攻螺纹时，切削液主要根据被加工材料来选择，且需保持足够的切削液。对于金属材料，一般采用乳化液；对于塑料，一般可采用乳化油或硫化切削油；如果工件上的螺孔表面粗糙度值要求较低，可采用菜籽油、二硫化钼等，豆油的效果也比较好。

第5节　零件修配

→ 掌握零件修配原则
→ 掌握零件修配方法

注塑模种类比较多，即使同一类模具，由于成形塑料种类不同、精度要求不同，模具修配方法也不尽相同。因此在修配前应仔细研究分析总装图、零件图，了解各零件的作用、特点及其技术要求，通过修配，最后全面达到产品的各项质量指标、装配后模具动作精度和使用过程中的各项技术要求。

一、修配原则

1. 修配脱模斜度

原则上型腔应保证大端尺寸在制件尺寸公差范围内，型芯应保证小端尺寸在制件尺寸公差范围内。

2. 角隅处圆角半径

型腔应偏小，型芯应偏大。

3. 双分型面的间隙

当模具既有水平分型面又有垂直分型面时，修正应使垂直分型面接触时水平分型面稍稍留有间隙。小型模具只需涂上红丹相互接触即可，大型模具间隙约为 0.02 mm。

4. 斜面分型面的间隙

对于用斜面合模的模具，斜面密合后，分型面处应留有 0.02 ~ 0.03 mm 的间隙。

5. 圆弧

修配表面的圆弧与直线连接要平滑，表面不允许有凹痕，锉削纹路应与开模方向一致。

二、修配方法

通过修理来恢复磨损或损伤零件的性能与更换新零件。方法如下：

1. 局部修理法

局部修理法是对零件的磨损和损伤部位进行局部修理或调整换位，恢复零件使用能力的一种方法。

（1）换件法

当零件磨损或损伤后，用新的备用零件替换原来零件的修理方法称为换件法。一般（零件修复成本/修复零件的寿命） > （新零件的价格/新零件的寿命）时采用此法。

（2）调整法

只调整配合件垫片使其恢复到新装配时的初始（或公称）间隙 $\Delta_{初始}$，而不进行加工，或只进行刮研，这种修理方法称为调整法。

此法对承受冲击负荷的配合件具有重大意义，因为间隙调整后可基本消除冲击作用，但此法只用于临时性的应急修理。

（3）换位法

对于结构对称、单面磨损的零件，翻转 180°（或转某一角度），利用未磨损的一面继续工作的方法称为换位法，又称为换向法、翻转法。

（4）修理尺寸法

对某一零件进行修理加工，使其恢复到原来的几何形状和表面精度的新尺寸，并选配另一零件与之配合，恢复到原配合性质的方法称为修理尺寸法。

一般对复杂、贵重的零件进行修理，对简单便宜的零件予以更换。修理尺寸的个数（即修理次数）和大小可根据不更换的零件的最大允许磨损量确定。

实际上单面磨损量 x 可由测量得到，单面加工余量 y 取决于加工者的技术水平，可由经验而定。

（5）局部更换法

机械零件在使用过程中各部分磨损、损伤程度往往不一致，有时仅某一局部磨损或损伤严重而其余部分尚好，这时如果结构允许可将磨损或损伤严重的地方切除，再重新修补后加工到所需尺寸，这种方法称为局部更换法。

（6）镶加零件法

零件磨损或断裂均可采用镶加零件的方法修复。

通过缝钉、补丁、扣合件等，可将裂纹或折断口拉紧或封堵。

2. 塑性变形修理法

利用金属的塑性变形恢复零件磨损和损伤部位的尺寸和形状的方法称为塑性变形修理法。

（1）缩胀法

此法多用于内外圈磨损的套筒形零件，如活塞销、滑动轴承轴套等。其工艺为：650～700℃高温回火→冷胀→热处理→磨削。滑动轴承轴套内孔磨损后可用缩小法修复，其工艺与胀大法基本相同，注意缩小后的外径可用金属喷涂法或其他方法恢复尺寸。

（2）镦粗法

此法主要用来修复有色金属套筒和滚柱形零件，可修复内径和外径磨损量小于0.6 mm 的零件。注意，当长径比大于2 或压缩后长度减少超过 15% 时，不能使用此法。

（3）压力矫直

此法适用于硬度低于 35HRC 和直径长度比值较小的轴，用螺旋压力机、油压机或螺旋千斤顶等进行施压矫直。工艺为：测量弯曲最高点、作标记→轴两端用 V 形铁支起（轴下垫铜、铝等软料）→变形最大处凸面加压，保压 1.5～2 min→变形最大处凹面垫铜板后用手锤敲击铜板三下→卸压并测量→循环施压至要求。

（4）火焰矫直

一次加热不能恢复时可重复进行几次，直到变形消除。

加热温度以不超过材料相变温度为宜，一般为 200～700℃。工艺为：找出弯曲最大处凸点，确定加热区→按零件直径确定火焰喷嘴→均匀变形和扭曲采用条状加热；变形严重的区域多用蛇状加热；加工精度高的细长轴用点状加热→快速冷却→检测→重复加热校直至要求。火焰矫直的关键是弯曲的位置及方向必须找正确，加热火焰也要和弯曲的方向一致，否则会出现扭曲或更多的弯曲。

3. 焊修法

大部分磨损、裂纹和破裂零件可以通过焊接的方法修复，焊修法能完全恢复零件尺寸、形状及配合精度。

（1）铸铁焊补

就手工电弧而言，铸铁件的焊修方法主要有热焊法、半热焊法和冷焊法。冷焊法即在铸铁件的整体温度不高于200℃时进行焊修的方法。

1）通用焊修裂缝件的焊修工艺如下：

①找出裂纹。在裂纹末端的前方 3～5 mm 处钻止裂孔，根据壁厚取 $\phi3～10$ mm。

②开坡口。以机械方法开坡口的质量容易保证。开坡口以不影响准确合拢为原则，既要除尽裂纹又要确保强度。一般应根据零件的精度、壁厚、承载、破裂程度等选择开坡口方式。

③施焊。一般选用镍基铸铁焊条，焊条直径越小越好，宜采用直流反接冷焊。焊缝较长时，宜用退步分散成短段施焊。

④焊后处理。焊后注意保温缓冷，以免冷却速度过快形成白口现象。措施是：小工件可用热砂或保温灰覆盖掩埋，大工件则可用石棉布覆盖，若及时放入回火炉更好。

2）各种铸铁焊补方法的施焊工艺要点：

①手工电弧冷焊

a. 较小的焊接电流和较快的焊接速度，不作横向摆动（窄焊道）。

b. 短焊道（10～50 mm）断续焊，层间冷却后再继续焊。

c. 焊后及时充分锤击焊缝金属。

d. 一般不预热（或200℃以下）。

②手工电弧热焊

a. 预热 500～550℃并保持工件温度在焊接过程中不低于400℃。

b. 焊后 600～650℃保温退火。

c. 较大的焊接电流连续焊，溶池温度过高时稍停顿。

另外还应采用加热减应区方法：即在焊件上选择适当的区域进行加热，使焊接区域有自由热胀冷缩的可能，以减小焊接应力，然后及时施焊。减应区加热温度一般不超过750℃。

（2）钢件电弧焊

目前应用较多的有手工电弧堆焊、氧—乙炔焰堆焊、埋弧自动堆焊、振动电堆焊、气体保护堆焊、等离子堆焊等。

钢制件焊接修复工艺的措施主要有：

1）焊前检查和焊前准备

①脱脂去锈。

②对非焊修区屏蔽保护。

③清除裂纹源。

④开设坡口。

⑤预热、散热措施。

油孔、键槽等用炭精棒或其他东西填塞等措施。

2）选择最佳焊修方案，严守工艺操作规程

①选择焊接材料和焊接方法。

②采用过渡隔离层防止金属元素渗透稀释（堆焊工艺的重要工艺守则）。

③多层焊不同焊层，采用不同焊接线能量。

④平行堆焊前后焊道应重叠 1/3 ~ 1/2 为宜。

⑤严格控制焊缝冷却速度。

⑥选择合适的施焊方法、施焊顺序等。

3）焊后冷却和焊后热处理。焊后冷却速度及焊后热处理对零件的硬度、韧性、残余应力、金相组织影响巨大，正确控制焊后的冷却速度及适时进行焊后热处理，是提高焊修质量的关键。

4）焊后检查和机械加工。下面介绍 45 钢（调质）轴类零件的手工电弧焊修工艺：

①焊前检查处理。磨损量大于 2 mm 以上时采用堆焊修复，首先用汽油、丙酮等溶剂清除表面的油污、锈迹，然后检查处理裂纹变形等缺陷。用碳棒、假键填塞油孔、键槽；用布或石棉绳将堆焊邻近部位表面包好以防飞溅；将工件用 V 形铁支承放到盛有冷水的大盆中，施焊部位露出水面，水平放置。

②焊条选用。选用焊芯材料为 08 钢钢丝，直径为 ϕ1.6 mm 或 ϕ2 mm 的中碳堆焊焊条（药皮自配制）。焊条要充分烘干。ϕ50 mm 以上轴用 ϕ2 mm 焊丝，ϕ50 mm 以下轴用 ϕ1.6 mm 焊丝。

③采用直流反接电源，小电流、快速焊。环形焊每次只能焊 25 ~ 30 mm 长，直线焊不超过 40 mm。不允许在轴面上引弧，每次熄弧后，必须彻底清除焊渣，并使工件冷却到 30℃ 以下再施焊；要留 2 ~ 3 mm 的加工余量。

④工件冷却后，仔细检查有无焊接缺陷，然后清除碳棒、假键，机械加工至要求。

4. 电镀法

镀铬和电刷镀都是以直流电解原理为基础，通过电解液使金属沉积在零件表面得到与基体金属（或非金属）牢固结合的镀层。电镀一般用于修复磨损零件表面，增大尺寸，提高耐磨性。

（1）镀铬

镀铬是电解法修复零件的最有效方法之一。铬镀层按性质大体可分为平滑铬镀层和多孔铬镀层两类，其使用范围见表 1—9。镀层允许厚度一般为 0.2 ~ 0.3 mm。

表 1—9 平滑铬镀层和多孔铬镀层的使用范围

镀层名称	平滑铬镀层	多孔铬镀层
使用范围	（1）修复静配合的零件尺寸 （2）用于提高模子工作面的光滑度，并且降低工作时的摩擦力 （3）用于延长在较低压力磨损条件下工作的零件的使用期限	（1）修复在相当大的比压力、高温度、大滑动速度和润滑供油不能充分的条件下工作的零件 （2）修复切削机床的主轴、压缩机曲轴、泵轴及其他机器零件
实例	锻模、冲压模 测量工具 活塞杆等	曲轴、主轴、气缸套筒、活塞销及其他零件 车床主轴、镗床镗杆

平滑铬镀层具有很高的致密性，但其表面不易储存润滑油。

多孔铬镀层的外表面形成无数网状沟纹和点状孔隙，能保存足够的润滑油以改善摩擦条件。多孔镀层有点状铬层和沟状铬层两种。它是将已镀平滑铬层的零件作阳极，放入与平滑镀铬电解液相同的镀槽中，进行短时间的阳极处理而得到的。

下面以 45 钢轴颈磨损后的修复为例介绍其镀铬修复工艺：

1）镀前准备。清理油垢；校对图样，确定镀层厚度及镀层类型；修磨轴颈；不需镀表面绝缘处理；用铅条填堵油孔；除油、锈迹；酸洗浸蚀工件（稀盐酸 5% + 硫酸 10% 或硫酸 15% 浸泡 0.5 ~ 1 min，清除氧化皮，呈现结晶组织，提高结合性）；中和（碳酸钠 3 ~ 5 g/L）；预热（镀槽或热水中进行）；阳极腐蚀（在槽中进行 0.5 ~ 3 min）。

2）镀铬。按镀铬的工艺或阳极腐蚀多孔处理工艺进行。

3）镀后处理。冷水冲洗；拆卸绝缘物及夹具；烘干或吹干；在 200 ~ 230℃ 下持续 2 ~ 3 h，在油槽中作去氢处理，并在 140 ~ 160℃ 下持续 2 ~ 3 h，进行低温除氢；测量尺寸；机械加工至要求。

（2）电刷镀

电刷镀又称快速电镀、快速笔涂镀、金属涂镀、接触电镀等。电刷镀是一项在工件表面快速电沉积金属的技术。刷镀时，将专用电源的负极接到工件上，正极和刷镀笔连接，蘸上沉积金属溶液，与工件接触并相对运动，溶液中的金属离子在电场作用下向工件表面迁移，放电后结晶沉积在工件表面上形成镀层，随着时间的延长，沉积层逐渐增厚，直到要求的厚度。

电刷镀技术是四种基本的金属维修技术（焊接、喷涂、槽镀、电刷镀）之一。它与普通电镀相比，具有设备简单，工艺灵便，结合强度高，生产效率高，镀层厚度基本可以精确控制，适应材料广等优点。

电刷镀工艺包括两大部分：工件表面准备阶段和电刷镀阶段。

1）机械准备。清整工件表面至光洁工整，如需加工则越光越好，除油去锈，剔除疲劳层，拓宽尖细狭缝，去掉飞边、毛刺；预制键槽、油孔的塞堵；刷镀区两侧用涤纶胶纸等作屏蔽保护等。

2）电净。在上述基础上，还必须进一步用电净液继续通电处理工件表面以达到除油的目的。

3）活化。实质是除去工件表面的氧化膜，提高结合力。应根据材料的不同而选用不同的活化液。

电净、活化工艺要求很严，否则影响质量。活化后可用石墨、胶木镶键堵孔，石墨或胶木键塞应在镀液中事先浸泡。以上内容为工件表面准备阶段，下面介绍电刷镀阶段。

4）刷过渡层。在活化的基础上，紧接着就是刷过渡层。建议一般用特殊镍刷镀 2 μm 即可。

5）刷工作层（按刷镀工艺进行）。目前比较理想的厚度为 0.5 mm 以下。

6）刷镀后处理。除去保护阴极的屏蔽物，清洗工件上残留的镀液，进行防锈处理。必要时要送去进行机械加工（0.05 mm 以上采用磨削）。注意把工件边缘和孔槽边缘倒角。

电刷镀可用于修复不易放在槽中的大型零件如大型轴、曲轴、机床导轨的磨损、划伤、凹坑等缺陷。

5．热喷涂法

热喷涂是近代各种喷涂、喷熔技术的总称。热喷涂技术是把丝状或粉末状材料加热到软化或熔化状态，并进一步雾化、加速，然后沉积到零件表面上形成覆盖层的一门技术。

（1）金属喷涂法

喷涂方法一般有火焰喷涂、电弧喷涂、等离子喷涂等。金属喷涂法适应材料广、喷涂材料广、工艺简单、生产效率高、工件变形小，喷涂厚度可从 0.05 mm 到 20 mm。喷涂层是多孔组织，易存油、润滑性好、耐磨，但主要问题是结合层强度不够。

该法一般用来修复磨损件如轴、曲轴、导轨等，或增强构件耐腐蚀、高温性能（如硫酸生产中转化器喷铝），或提高耐磨性（如喷磷青铜）等。

下面以轴类零件为例介绍其喷涂工艺：

1）工件表面的准备

①凹切。凹切指的是为提供容纳喷涂层的空间在基体材料或零件上车掉或磨掉的尺寸。当磨损不均时，可凹切成阶梯形。凹切深度为涂层精加工后的厚度。

②清理。即清除油污、铁锈、漆层，使工件表面洁净。

③表面处理。工件所采用的表面处理方法和表面的粗糙程度与涂层和基体的结合强度有密切关系。处理方法有喷砂、开槽、车螺纹、滚花、电火花拉毛等。这些方法单用或并用均可。表面处理完毕后必须在 3~6 h 内喷涂。

④非喷涂部位的屏蔽保护。对于键槽、油孔，一般用石墨块镶键堵孔。对于其他部位，可用玻璃布、石棉布、水玻璃等材料将非喷涂区屏蔽保护起来。

⑤预热。使用氧乙炔中性焰加热，温度控制在 70~150℃，最高不超过 270℃。

2）喷涂。喷涂时热源和喷涂材料的选择应满足工艺要求。喷涂距离：火焰喷涂时为 100 ~ 200 mm，电弧喷涂时为 180 ~ 200 mm，等离子喷涂时取 50 ~ 100 mm；喷枪移动速度一般取 30 ~ 100 m/min。冷却方式可采用控制喷枪移动速度、增加空气流动、间歇喷涂（间歇时间不得太长）等。涂层厚度为凹切深度加上精加工余量。

3）喷涂后处理。喷涂后，清除虚浮涂层，用榔头轻敲涂层，若声音清脆则表示结合良好，否则去掉重喷。然后放入 80 ~ 100℃ 的润滑油中浸泡吸油，最后机械加工至要求，并彻底清洗干净。

（2）塑料喷涂法

塑料喷涂法简称喷塑，它是在金属零件表面上喷涂覆盖一层塑料，使之满足使用要求的一种方法。使用它修复零件具有设备简单、操作方便、零件变形小等优点。常用的材料有尼龙、低压聚乙烯、聚氯醚、氯化聚醚等。塑料喷涂的方法不同，其工艺也有所区别，但对工件的结构要求、表面处理、预热等基本相同。

1）喷涂工件的结构要求。结构必须平整光滑，没有气泡、蜂窝、砂眼，凡棱角部分应以圆弧过渡，其半径 $R = 1 ~ 2$ mm。焊缝应磨光，管口一律用法兰连接，管子必须用无缝钢管。喷涂后严禁切割、焊接。

2）表面处理。表面处理方法有刮研、酸洗、刨削、喷砂、磨削等，前三种方法结合强度最好。

3）工件预热。预热温度对涂层质量有很大的影响，过高会使树脂分解和焦化，过低则使树脂熔化不完全或流动不畅。预热温度应高于塑料熔点及操作过程中的热量损失等。

下面介绍几种不同的塑料喷涂方法：

沸腾熔敷法是先将经过表面处理的工件预热到塑料熔点以上，然后将热工件迅速浸入被 CO_2 气体或压缩空气吹成沸腾状态的塑料粉末中，经过很短时间即取出冷却，这时工件表面就形成涂层。

热熔敷法是将工件先加热，然后用不带火焰的喷枪把塑料粉末喷上，或将加热的工件蘸上一层粉末，借工件热量来熔融，冷却后形成塑料涂层。热熔敷法工艺和沸腾熔敷法工艺的前段基本相同，但后段不同，即将预热后的工件取出，立即进行喷涂，喷枪与工件的距离为 150 mm 左右。手持喷枪来回喷涂，每次喷涂后的工件需进行热处理，即进行塑化。使涂层完全熔化发亮后，再喷下一层，待涂层达到要求的厚度时，取出浸入水中淬火，其目的是使喷层急冷，减少结晶度，提高涂层的韧性和附着力。

火焰喷涂法是用塑料喷枪将树脂粉末喷到经过净化处理及预热后的工件上，当塑料粉末经过高温火焰区时，受热呈熔融或半熔融状态，黏附于热的工件表面上，直至达到所需要的厚度为止。它的工艺过程与热熔敷法基本相同，但喷涂方法有所不同。喷枪口与被喷工件的距离为 100 ~ 200 mm。在第一层粉末"润湿"后，即以大量出粉加厚，直至需要的尺寸。注意喷尼龙 1010 粉末时，在粉末未完全凝固前，须将工件立即放入冷水中淬火，冷却至水温后取出。

塑料喷涂法的涂层厚度一般不超过 1 mm。另外塑料热胀冷缩性较大，所以装配时的配合间隙应比一般金属零件直接装配的间隙要大 0.02 mm，并要保持充分的润滑，否则会产生咬脱涂层的现象。

塑料喷涂法的一般用于修复在 60~80℃ 以下工作的轴瓦、轴套、轴、齿轮、活塞、叶轮等，也可用于制作法兰、阀门密封面、泵体、叶轮和管道的耐蚀层。

6. 黏结法

黏结法是用黏结剂借助于机械联结力、物理吸附、分子扩散和化学键连接作用把两个构件或破损零件牢固黏合在一起的修理方法。该方法的缺点是不能耐高温、抗冲击能力差。

黏结法主要有热熔黏结法、溶剂黏结法、胶粘剂黏结法等方法。

（1）热熔黏结法

该法主要用于热塑性塑料之间的黏结。该法利用电热、热气或摩擦热将黏合面加热熔融，然后叠合，加上足够的压力，直到凝固为止。大多数热塑性塑料的表面加热到 150~230℃ 就可进行粘接。

（2）溶剂黏结法

在热塑性塑料的黏结中，应用溶剂黏结法最为普遍简单。对于同类塑料，用相应的溶剂涂于胶接处，待塑料变软后，再合拢加压直到固化牢固。

（3）胶粘剂黏结法

该法应用最广，可以粘结各种材料，如金属与金属、金属与非金属、非金属与非金属等。

胶黏剂种类繁多，一般分为有机胶黏剂和无机胶黏剂。选择胶黏剂时应考虑：被黏结物质的种类与性质，如钢、铁、铜、铝、塑料、橡胶等，胶黏剂的性能及与被黏物质的匹配性，黏结的目的、用途和粘接件的使用环境，黏结件的受力情况及工艺可能性等。

黏结法的黏结工艺如下：表面处理→配胶→涂胶→晾置→合拢→清理→初固化→固化→后固化→检查→加工。

施工中几个值得注意的问题如下：

1）表面处理。目的是获得清洁、干燥、粗糙、新鲜、活性的表面，以获得牢固的黏结接头。其中除锈粗化用锉削、打磨、粗车、喷砂均可，其中以喷砂效果最好。除油的效果则用洒水法检查，水膜均匀即表明工件表面油污已清理干净。

2）涂胶。涂胶方法很多，其中刷胶用得最多。使用时应顺着一个方向刷，不要往复，速度要慢以防产生气泡，尽量均匀一致，中间多，边缘少，涂胶次数为 2~3 遍，平均厚度控制在 0.05~0.25 mm 为宜。

3）检查与加工。固化后，应检查有无裂纹、裂缝、缺胶等。在进行机械加工前应进行必要的倒角、打磨。

总之，要获得牢固的黏结，胶黏剂是基本因素，接头是重要因素，工艺是关键因素。三者密切相关，必须兼顾。

第6节　零件研磨、抛光

培训目标

→ 掌握零件研磨的方法
→ 掌握零件抛光的方法

塑料制品的外观好坏与塑料模具型腔的表面尺寸精度有关，一般要求塑料模具型腔的表面达到镜面抛光的程度。

模具的研磨与抛光是以降低零件表面粗糙度，提高表面形状精度和增加表面光泽为主要目的，属光整加工，可归为磨削工艺大类。研磨与抛光在工件成型理论上很相似，一般用于产品、零件的最终加工。

现代模具成型表面的精度和表面粗糙度要求越来越高，特别是高精度、高寿命的模具要求到μm级的精度。一般的磨削表面不可避免地要留下磨痕、微裂纹等缺陷，这些缺陷对一些模具的精度影响很大，其成型表面一部分可采用超精密磨削加工达到设计要求，但大多数异型和高精度表面都要进行研磨与抛光加工。

塑料模具型腔经研磨、抛光后，可极大地提高型腔表面质量，提高成型性能，满足塑件成型质量的要求，并使塑件易于脱模。浇注系统经研磨、抛光后，可降低注射时塑料的流动阻力。另外，研磨与抛光还可提高模具接合面的精度，防止树脂渗漏。比如生产光学镜片、激光唱片等模具对表面粗糙度要求极高，因而对抛光性的要求也极高。抛光不仅增加工件的美观，而且能够改善材料表面的耐腐蚀性、耐磨性，还可以使模具具有其他优点，如使塑料制品易于脱模，减少生产注塑周期等。

电火花成型的模具表面会有一层薄薄的变质层，变质层上的许多缺陷需要用研磨与抛光去除。另外研磨与抛光还可改善模具表面的力学性能，减少应力集中，增加型面的疲劳强度。

一、模具的研磨

1. 研磨的基本原理与分类

研磨是一种微量加工的工艺方法。研磨借助于研具与研磨剂（一种游离的磨料），在工件的被加工表面和研具之间产生相对运动，并施以一定的压力，从工件上去除微小的表面凸起层，以获得很低的表面粗糙度和很高的尺寸精度、几何形状精度等，在模具制造中应用广泛，特别是产品外观质量要求较高的精密压铸模、塑料模、汽车覆盖件模具。

（1）研磨的基本原理

1）物理作用。研磨时，研具的研磨面上均匀地涂有研磨剂，若研具材料的硬度低于工件，当研具和工件在压力作用下做相对运动时，研磨剂中具有尖锐棱角和高硬度的微粒，有些会被压嵌入研具表面上产生切削作用（塑性变形），有些则在研具和工件表面间滚动或滑动产生滑擦（弹性变形）。这些微粒如同无数的切削刀刃，对工件表面产生微量的切削作用，并均匀地从工件表面切去一层极薄的金属，如图 1—63 所示为研磨加工模型。同时，钝化了的磨粒在研磨压力的作用下，通过挤压被加工表面的峰点，使被加工表面产生微挤压塑性变形，从而使工件逐渐得到高的尺寸精度和低的表面粗糙度。

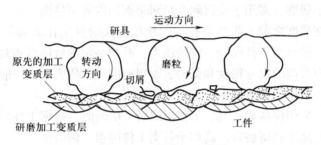

图 1—63　研磨加工模型

2）化学作用。而当采用氧化铬、硬脂酸等研磨剂时，在研磨过程中研磨剂和工件的被加工表面产生化学作用，生成一层极薄的氧化膜，氧化膜很容易被磨掉。研磨的过程就是氧化膜的不断生成和擦除的过程，如此多次循环反复，使被加工表面的粗糙度降低。

（2）研磨的应用特点

1）表面粗糙度低。研磨属于微量进给磨削，切削深度小，有利于降低工件表面粗糙度值。加工表面粗糙度可达 $Ra0.01\ \mu m$。

2）尺寸精度高。研磨采用极细的微粉磨料，机床、研具和工件处于弹性浮动工作状态，在低速、低压作用下，逐次磨去被加工表面的凸峰点，加工精度可达 $0.01 \sim 0.1\ \mu m$。

3）形状精度高。研磨时，工件基本处于自由状态，受力均匀，运动平稳，且运动精度不影响几何精度。加工圆柱体的圆柱度可达 $0.1\ \mu m$。

4）改善工件表面力学性能。研磨的切削热量小，工件变形小，变质层薄，表面不会出现微裂纹，同时能降低表面摩擦因数，提高耐磨和耐腐蚀性。研磨零件表层存在残余压应力，这种应力有利于提高工件表面的疲劳强度。

5）研具的要求不高。研磨所用研具与设备一般比较简单，不要求具有极高的精度；但研具材料一般比工件软，研磨中会受到磨损，应注意及时修整与更换。

（3）研磨的分类

1）按研磨工艺的自动化程度

①手动研磨。工件、研具的相对运动，均用手动操作。加工质量依赖于操作者的技能水平，劳动强度大，工作效率低。适用于各类金属、非金属工件的各种表面。模具成型零件上的局部窄缝、狭槽、深孔、盲孔、死角等部位，仍然以手工研磨为主。

②半机械研磨。工件和研具之一采用简单的机械运动，另一采用手工操作。加工质量仍与操作者技能有关，劳动强度降低。主要用于工件内、外圆柱面，平面及圆锥面的

研磨。模具零件研磨时常用半机械研磨。

③机械研磨。工件、研具的运动均采用机械运动。加工质量靠机械设备保证，工作效率比较高。但只适用于表面形状不太复杂等零件的研磨。

2）按研磨剂的使用条件

①湿研磨。研磨过程中将研磨剂涂抹于研具表面，磨料在研具和工件间随即地滚动或滑动，形成对工件表面的切削作用。加工效率较高，但加工表面的几何形状和尺寸精度及光泽度不如干研磨，多用于粗研和半精研平面与内外圆柱面。

②干研磨。在研磨之前，先将磨粒均匀地压嵌入研具工作表面一定深度，称为嵌砂。研磨过程中，研具与工件保持一定的压力，并按一定的轨迹做相对运动，实现微切削作用，从而获得很高的尺寸精度和低的表面粗糙度。干研磨时，一般不加或仅涂微量的润滑研磨剂。一般用于精研平面，生产效率不高。

③半干研磨。采用糊状研磨膏，类似湿研磨。研磨时，根据工件加工精度和表面粗糙度的要求，适时地涂敷研磨膏。适用于各类工件的粗、精研磨。

2. 研磨工艺参数

（1）研磨压力

研磨压力是研磨表面单位面积上所承受的压力（MPa）。在研磨过程中，随着工件表面粗糙度的不断降低，研具与工件表面的接触面积在不断增大，则研磨压力逐渐减小。研磨时，研具与工件的接触压力应适当。若研磨压力过大，会加快研具的磨损，使研磨表面粗糙度增高，影响研磨质量；反之，若研磨压力过小，会使切削能力降低，影响研磨效率。

研磨压力的范围一般为 0.01 ~ 0.5 MPa。手工研磨时的研磨压力为 0.01 ~ 0.2 MPa；精研时的研磨压力为 0.01 ~ 0.05 MPa；机械研磨时，压力一般为 0.01 ~ 0.3 MPa。当研磨压力在 0.04 ~ 0.2 MPa 范围内时，对降低工件表面粗糙度收效显著。

（2）研磨速度

研磨速度是影响研磨质量和效率的重要因素之一。在一定范围内，研磨速度与研磨效率成正比。但研磨速度过高时，会产生较高的热量，甚至会烧伤工件表面，使研具磨损加剧，从而影响加工精度。一般粗研磨时，宜用较高的压力和较低的速度；精研磨时则用较低的压力和较高的速度。这样可提高生产效率和加工表面质量。

选择研磨速度时，应考虑加工精度、工件材料、硬度、研磨面积、加工方式等多方面因素。一般研磨速度应在 10 ~ 150 m/min 范围内选择，精研速度应在 30 m/min 以下。手工粗研磨时，为每分钟 40 ~ 60 次的往复运动；精研磨时为每分钟 20 ~ 40 次的往复运动。

（3）研磨余量的确定

零件在研磨前的预加工质量与余量，将直接影响到研磨加工时的精度与质量。由于研磨加工只能研磨掉很薄的表面层，因此，零件在研磨前的预加工，需有足够的尺寸精度、几何形状精度和表面粗糙度。对表面积大或形状复杂且精度要求高的工件，研磨余量应取较大值。预加工的质量高，研磨量取较小值。研磨余量的大小还应结合工件的材质、尺寸精度、工艺条件、研磨效率等来确定。研磨余量尽量小，一般手工研磨不大于

10 μm，机械研磨也应小于 15 μm。

（4）研磨效率

研磨效率以每分钟研磨去除表面层的厚度来表示。工件表面的硬度越高，研磨效率越低。对于一般淬火钢为 1 μm/min，合金钢为 0.3 μm/min，超硬材料为 0.1 μm/min。通常在研磨的初期阶段，工件几何形状误差的消除和表面粗糙度的改善较快，而后则逐渐减慢，效率下降。这与所用磨料的粒度有关，磨粒粗，切削能力强，研磨效率高，但所得研磨表面质量低；磨粒细，切削能力弱，研磨效率低，但所得研磨表面质量高。因此，为提高研磨效率，选用磨料粒度时，应从粗到细，分级研磨，循序渐进地达到所要求的表面粗糙度。

3. 研具

研具既是研磨剂的载体，使游离的磨粒嵌入研具工作表面发挥切削作用。磨粒磨钝时，由于磨粒自身部分碎裂或结合剂断裂，磨粒从研具上局部或完全脱落，而研具工作面上的磨料不断出现新的切削刃口，或不断露出新的磨粒，使研具在一定时间内能保持切削性能要求。同时研具又是研磨成型的工具，自身具有较高的几何形状精度，并将其按一定的方式传递到工件上。

（1）研具的材料

1）灰铸铁。晶粒细小，具有良好的润滑性；硬度适中，磨耗低；研磨效果好；价廉易得，应用广泛。

2）球墨铸铁。比一般铸铁容易嵌存磨料，可使磨粒嵌入牢固、均匀，同时能增加研具的耐用度，可获得高质量的研磨效果。

3）软钢。韧性较好，强度较高；常用于制作小型研具，如研磨小孔、窄槽等。

4）各种有色金属及合金。如铜、黄铜、青铜、锡、铝、铅锡金等，材质较软，表面容易嵌入磨粒，适宜作软钢类工件的研具。

5）非金属材料。如木、竹、皮革、毛毡、纤维板、塑料、玻璃等。除玻璃以外，其他材料质地较软，磨粒易于嵌入，可获得良好的研磨效果。

（2）研具的种类

1）研磨平板。用于研磨平面，有带槽和无槽两种类型。带槽的用于粗研，无槽的用于精研，如图 1—64 所示。模具零件上的小平面常用自制的小平板进行研磨。

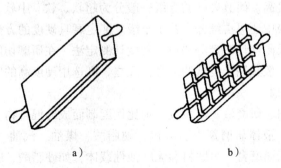

a)　　　　　　　　　　　b)

图 1—64　研磨平板

a）无槽的用于精研　b）带槽的用于粗研

2）研磨环。主要用于研磨外圆柱表面，如图1—65所示。研磨环的内径比工件的外径大0.025~0.05 mm，当研磨环内径磨大时，可通过外径调节螺钉使调节圈的内径缩小。

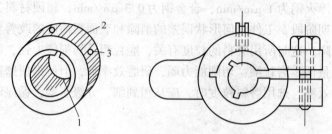

图1—65　研磨环
1—调节圈　2—外环　3—调节螺钉

3）研磨棒。主要用于圆柱孔的研磨，分固定式和可调式两种，如图1—66所示。固定式研磨棒制造容易，但磨损后无法补偿。分为有槽的和无槽的两种结构，有槽的用于粗研，无槽的用于精研。当研磨环的内孔和研磨棒的外圆做成圆锥形时，可用于研磨内外圆锥表面。

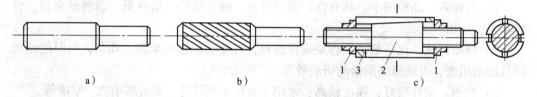

a)　　　　　　　　　b)　　　　　　　　　c)

图1—66　研磨棒
a）固定式无槽研磨棒　b）固定式有槽研磨棒　c）可调节式研磨棒
1—调节螺钉　2—锥度心棒　3—开槽研磨套

（3）研具的硬度

研具是磨具大类里的一类特殊工艺装备，它的硬度定义仍沿用磨具硬度的定义。磨具硬度是指磨粒在外力作用下从磨具表面脱落的难易程度，反映结合剂把持磨粒的强度。磨具硬度主要取决于接合剂的加入量和磨具的密度。磨粒容易脱落的表示磨具硬度低；反之，表示硬度高。研具硬度的等级一般分为超软、软、中软、中、中硬、硬和超硬7级。从这些等级中还可再细分出若干小级。测定磨具硬度的方法，较常用的有手锥法、机械锥法、洛氏硬度计测定法和喷砂硬度计测定法。在研磨切削加工中，若被研工件的材质硬度高，一般选用硬度低的磨具；反之，则选用硬度高的磨具。

4. 常用的研磨剂

研磨剂是由磨料、研磨液及辅料按一定比例配制而成的混合物。常用的研磨剂分为液体和固体两大类。液体研磨剂由研磨粉、硬脂酸、煤油、汽油、工业用甘油配制而成；固体研磨剂是指研磨膏，由磨料和无腐蚀性载体，如硬脂酸、肥皂片、凡士林配制而成。

磨料的选择一般要根据所要求的加工表面粗糙度来选择，从研磨加工的效率和质量来说，要求磨料的颗粒要均匀。粗研磨时，为了提高生产率，用较粗的粒度，如 W28～W40；精研磨时，用较细的粒度，如 W5～W27；精细研磨时，用更细的粒度，如 W1～W3.5。

（1）磨料

磨料的种类很多，表1—10为常用的磨料种类及其应用范围。

表1—10　　　　　　　　　　　**常用的磨料种类及其应用范围**

系列	磨料名称	颜色	应用范围
氧化铝系	棕刚玉	棕褐色	粗、精研磨钢、铸铁及青铜
	白刚玉	白色	粗研淬火钢、高速钢及有色金属
	铬刚玉	紫红色	研磨低粗糙度表面、各种钢件
	单晶刚玉	透明、无色	研磨不锈钢等强度高、韧性大的工件
碳化物系	黑色碳化硅	黑色半透明	研磨铸铁、黄铜、铝等材料
	绿色碳化硅	绿色半透明	研磨硬质合金、硬铬、玻璃、陶瓷、石材等材料
	碳化硼	灰黑色	研磨硬质合金、陶瓷、人造宝石等高硬度材料
超硬磨料系	天然金刚石	灰色至黄白色	研磨硬质合金、人造宝石、玻璃、陶瓷、半导体材料等高硬度难加工材料
	人造金刚石		
	立方氮化硼	琥珀色	研磨硬度高的淬火钢、高钒高钼高速钢、镍基合金钢等
软磨料系	氧化铬	深红色	精细研磨或抛光钢、淬火钢、铸铁、光学玻璃、单晶硅等，氧化铈的研磨抛光效率是氧化铁的 1.5～2 倍
	氧化铁	铁红色	
	氧化铈	土黄色	
	氧化镁	白色	

（2）研磨液

研磨液主要起润滑和冷却作用，应具备有一定的黏度和稀释能力；表面张力要低；化学稳定性要好，对被研磨工件没有化学腐蚀作用；能与磨粒很好地混合，易于沉淀研磨脱落的粉尘和颗粒物；对操作者无害，易于清洗等。常用的研磨液有煤油、机油、工业用甘油、动物油等。

此外研磨剂中还会用到一些在研磨时起到润滑、吸附等作用的混合脂辅助材料。

5．研磨机

研磨机是用涂上或嵌入磨料的研具对工件表面进行研磨的机床。主要用于研磨工件中的高精度平面、内外圆柱面、圆锥面、球面、螺纹面和其他型面。研磨机的主要类型有圆盘式研磨机、转轴式研磨机和各种专用研磨机。

（1）圆盘式研磨机

分单盘和双盘两种，以双盘研磨机应用最为普遍。在双盘研磨机上，多个工件同时放入位于上、下研磨盘之间的保持架内，保持架和工件由偏心或行星机构带动作平面平行运动。下研磨盘旋转，与之平行的上研磨盘可以不转，或与下研磨盘反向旋转，并可上下移动以压紧工件（压力可调）。此外，上研磨盘还可随摇臂绕立柱转动一角度，以便装卸工件。双盘研磨机主要用于加工两平行面、一个平面（需增加压紧工件的附件）、外圆柱面和球面（采用带 V 形槽的研磨盘）等。加工外圆柱面时，因工件既要滑动又要滚动，须合理选择保持架的孔槽形式和排列角度。单盘研磨机只有一个下研磨盘，用于研磨工件的下平面，可使形状和尺寸各异的工件同盘加工，研磨精度较高。有些研磨机还带有能在研磨过程中自动校正研磨盘的机构。

（2）转轴式研磨机

由正、反向旋转的主轴带动工件或研具（可调式研磨环或研磨棒）旋转，结构比较简单，用于研磨内、外圆柱面。

（3）专用研磨机

依被研磨工件的不同，有中心孔研磨机、钢球研磨机、齿轮研磨机等。此外，还有一种采用类似无心磨削原理的无心研磨机，用于研磨圆柱形工件。

二、模具的抛光

抛光是利用柔性抛光工具和微细磨料颗粒或其他抛光介质对工件表面进行的修饰加工，以去除前道工序留下的加工痕迹（如刀痕、磨纹、麻点、毛刺）。抛光不能提高工件的尺寸精度或几何形状精度，而是以得到光滑表面或镜面光泽为目的，有时也用以消除光泽（消光处理）。抛光与研磨的机理是相同的，人们习惯上把使用硬质研具的加工称为研磨，而使用软质研具的加工称为抛光。

按照不同的抛光要求，抛光可分为普通抛光和精密抛光。

1. 抛光工具

抛光除可采用研磨工具外，还有适合快速降低表面粗糙度的专用抛光工具。

（1）油石

用磨料和结合剂等压制烧结而成的条状固结磨具。油石在使用时通常要加油润滑，因而得名。油石一般用于手工修磨零件，也可装夹在机床上进行珩磨和超精加工。油石有人造的和天然的两类，人造油石由于所用磨料不同有两种结构类型，如图 1—67 所示。

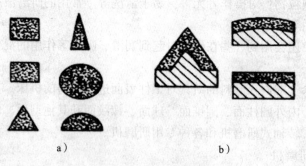

图 1—67　油石的分类

a）无基油石　b）有基油石

1）用刚玉或碳化硅磨料和结合剂制成的无基体的油石，按其横断面形状可分为正方形、长方形、三角形、楔形、圆形、半圆形等。

2）用金刚石或立方氮化硼磨料和结合剂制成的有基体的油石，有长方形、三角形、弧形等。天然油石是选用质地细腻又具有研磨和抛光能力的天然石英岩加工而成的，适用于手工精密修磨。

（2）砂纸

砂纸是由氧化铝或碳化硅等磨料与纸黏结而成，主要用于粗抛光，按颗粒大小常用的有 400#、600#、800#、1000#等磨料粒度。

（3）研磨抛光膏

研磨抛光膏是由磨料和研磨液组成的，分硬磨料和软磨料两类。硬磨料研磨抛光膏中的磨料有氧化铝、碳化硅、碳化硼、金刚石等，常用粒度为 200#、240#、W40 等的磨粒和微粉；软磨料研磨抛光膏中含有油质活性物质，使用时可用煤油或汽油稀释。研磨抛光膏主要用于精抛光。

（4）抛研液

它是用于超精加工的研磨材料，由 W0.5～W5 粒度的氧化铬和乳化液混合而成。抛研液多用于外观要求极高的产品模具的抛光，如光学镜片模具等。

2．抛光的种类

目前常用的抛光方法有以下几种：

（1）机械抛光

机械抛光是靠切削、材料表面塑性变形去掉被抛光后的凸部而得到平滑面的抛光方法，一般使用油石条、羊毛轮、砂纸等，以手工操作为主，特殊零件如回转体表面，可使用转台等辅助工具。表面质量要求高的可采用超精研抛的方法。超精研抛是采用特制的磨具，在含有磨料的研抛液中，紧压在工件被加工表面上，作高速旋转运动。利用该技术可以达到 $Ra0.008\ \mu m$ 的表面粗糙度，是各种抛光方法中精度最高的。光学镜片模具常采用这种方法。

（2）化学抛光

化学抛光是让材料在化学介质中，使表面微观凸出的部分较凹坑部分先溶解，从而得到平滑面。这种方法的主要优点是不需复杂设备，可以抛光形状复杂的工件，可以同时抛光很多工件，效率高。化学抛光的核心问题是抛光液的配制。化学抛光得到的表面粗糙度一般为数十微米。

（3）电解抛光

电解抛光的基本原理与化学抛光相同，即靠选择性地溶解材料表面微小凸出部分，使表面光滑。与化学抛光相比，电解抛光可以消除阴极反应的影响，效果较好。电解抛光过程分为两步：

1）宏观整平。溶解产物向电解液中扩散，材料表面几何粗糙度下降，$Ra>1\ \mu m$。

2）微观平整。阳极极化，使表面光亮度提高，$Ra<1\ \mu m$。

（4）超声波抛光

将工件放入磨料悬浮液中并一起置于超声波场中，依靠超声波的振荡作用，使磨料在工件表面磨削抛光。超声波加工的宏观力小，不会引起工件变形，但工装制作和安装较困难。超声波加工可以与化学或电解方法结合。在溶液腐蚀、电解的基础上，再施加超声波振动搅拌溶液，使工件表面溶解产物脱离，表面附近的腐蚀或电解质均匀；超声波在液体中的空化作用还能够抑制腐蚀过程，利于表面光亮化。

（5）流体抛光

流体抛光是依靠高速流动的液体及其携带的磨粒冲刷工件表面达到抛光的目的。常用方法有磨料喷射加工、液体喷射加工、流体动力研磨等。流体动力研磨是由液压驱动的，使携带磨粒的液体介质高速往复流过工件表面。介质主要采用在较低压力下流动性好的特殊化合物（聚合物状物质）并掺上磨料制成，磨料可采用碳化硅粉末。

（6）磁研磨抛光

磁研磨抛光是利用磁性磨料在磁场作用下形成磨料刷，对工件进行磨削加工。这种方法的加工效率高，质量好，加工条件容易控制，工作条件好。采用合适的磨料，表面粗糙度可以达到 $Ra0.1\ \mu m$。

在塑料模具加工中所说的抛光与其他行业中所要求的表面抛光有很大的不同，严格来说，模具的抛光应该称为镜面加工。它不仅对抛光本身有很高的要求，并且对表面平整度、光滑度以及几何精确度也有很高的标准。表面抛光一般只要求获得光亮的表面即可。由于电解抛光、流体抛光等方法很难精确控制零件的几何精确度，而化学抛光、超声波抛光、磁研磨抛光等方法加工的表面质量又达不到要求，因此精密模具的镜面加工还是以机械抛光为主。

3. 机械抛光

要想获得高质量的抛光效果，最重要的是要有高质量的油石、砂纸、钻石研磨膏等抛光工具和辅助品。而抛光程序的选择取决于前期加工后的表面状况，如机械加工、电火花加工、磨加工等。

（1）机械抛光的一般过程

1）粗抛。经铣、电火花、磨等工艺后的表面可以选择转速为 35 000 ~ 40 000 r/min 的旋转表面抛光机或超声波研磨机进行抛光。常用的方法是先去除白色电火花层，然后是手工油石研磨，条状油石加煤油作为润滑剂或冷却剂。一般的使用顺序为 180#→240#→320#→400#→600#→800#→1000#，但许多模具制造商为了节约时间而选择从#400 开始。

2）半精抛。半精抛主要使用砂纸和煤油。砂纸的号数依次为 400#→600#→800#→1000#→1200#→1500#。实际上 1500#砂纸只适用于淬硬的模具钢（52HRC 以上），而不适用于预硬钢，因为这样可能会导致预硬钢件表面烧伤。

3）精抛。精抛主要使用钻石研磨膏。若用抛光布轮混合钻石研磨粉或研磨膏进行研磨，则通常的研磨顺序是 9 μm（1800#）→6 μm（3000#）→3 μm（8000#）。9 μm 的钻石研磨膏和抛光布轮可用来去除 1200#和 1500#砂纸留下的发状磨痕。接着用粘毡和钻石研磨膏进行抛光，顺序为 1 μm（14000#）→1/2 μm（60000#）→1/4 μm（100000#）。

精度要求在 1 μm 以上（包括 1 μm）的抛光工艺在模具加工车间中一个清洁的抛光室内即可进行。若进行更加精密的抛光，则必需一个绝对洁净的空间。灰尘、烟雾、头皮屑和口水沫都有可能报废数个小时工作后得到的高精密抛光表面。

（2）机械抛光中要注意的问题

1）用砂纸抛光应注意以下几点：

①用砂纸抛光需要利用软的木棒或竹棒。在抛光圆面或球面时，使用软木棒可更好地配合圆面和球面的弧度。而较硬的木条像樱桃木，则更适用于平整表面的抛光。修整木条的末端应与钢件表面形状吻合，这样可以避免木条（或竹条）的锐角接触钢件表面而造成较深的划痕。

②当换用不同型号的砂纸时，抛光方向应变换 45°~90°，这样前一种型号的砂纸抛光后留下的条纹阴影即可分辨出来。在换不同型号的砂纸之前，必须用 100% 纯棉花蘸取酒精之类的清洁液对抛光表面进行仔细的擦拭，因为一颗很小的沙砾留在表面都会毁坏接下去的整个抛光工作。从砂纸抛光换成钻石研磨膏抛光时，这个清洁过程同样重要。在抛光继续进行之前，所有颗粒和煤油都必须被完全清洁干净。

③为了避免擦伤和烧伤工件表面，在用 1200# 和 1500# 砂纸进行抛光时必须特别小心。有必要加载一个轻载荷以及采用两步抛光法对表面进行抛光。用每一种型号的砂纸进行抛光时都应沿两个不同方向进行两次抛光，两个方向之间每次转动 45°~90°。

2）钻石研磨抛光应注意以下几点：

①这种抛光必须尽量在较轻的压力下进行，特别是抛光预硬钢件和用细研磨膏抛光时。在用 8000# 研磨膏抛光时，常用载荷为 $100~200~g/cm^2$，但要保持此载荷的精准度很难做到。为了更容易做到这一点，可以在木条上做一个薄且窄的手柄，比如加一铜片；或者在竹条上切去一部分而使其更加柔软。这样可以帮助控制抛光压力，以确保模具表面压力不会过高。

②当使用钻石研磨抛光时，不仅是工作表面要求洁净，工作者的双手也必须仔细清洁。

③每次抛光时间不应过长，时间越短，效果越好。如果抛光过程进行得过长，将会造成"橘皮"和"点蚀"。

④为获得高质量的抛光效果，容易发热的抛光方法和工具都应避免。比如抛光轮抛光，抛光轮产生的热量会很容易造成"橘皮"。

⑤当抛光过程停止时，保证工件表面洁净和仔细去除所有研磨剂和润滑剂非常重要，随后应在表面喷淋一层模具防锈涂层。

由于机械抛光主要还是靠人工完成，因此抛光技术目前还是影响抛光质量的主要原因。除此之外，抛光质量还与模具材料、抛光前的表面状况、热处理工艺等有关。优质的钢材是获得良好抛光质量的前提条件，如果钢材表面硬度不均或特性上有差异，往往就会产生抛光困难。钢材中的各种夹杂物和气孔都不利于抛光。

4. 抛光工艺的影响因素

（1）不同硬度对抛光工艺的影响

硬度增大会使研磨的困难增大，但抛光后的表面粗糙度值减小。由于硬度的增大，要达到较低的粗糙度所需的抛光时间相应增长。同时硬度增大，抛光过度的可能性相应减少。

（2）工件表面状况对抛光工艺的影响

钢材在切削机械加工的破碎过程中，表层会因热量、内应力或其他因素而损坏，切削参数不当会影响抛光效果。电火花加工后的表面比普通机械加工或热处理后的表面更难研磨，因此电火花加工结束前应采用精修电加工参数，否则表面会形成硬化薄层。如果精修电加工参数选择不当，热影响层的深度最大可达 0.4 mm。硬化薄层的硬度比基体硬度高，必须去除。因此最好增加一道粗磨加工，彻底清除损坏的表面层，构成一片平均粗糙的金属面，为抛光加工提供一个良好基础。

第2章

模具装配

　　注塑模具装配是注塑模具制造过程中重要的后工序，模具质量与模具装配紧密联系。模具零件通过铣、钻、磨、CNC、EDM、车等工序加工，经检验合格后，就集中到装配工序上；装配质量的好坏直接影响到模具质量，是模具质量的决定因素之一；没有高质量的模具零件，就没有高质量的模具；只有高质量的模具零件和高质量的模具装配工艺技术，才有高质量的注塑模具。注塑模具装配工艺技术的控制点多，涉及范围广，易出现的问题点也多，另外，模具周期和成本与模具装配工艺也紧密相关。

　　模具装配是指把组成模具的零部件按照图样的要求连接或固定起来，使之成为满足一定成型工艺要求的专用工艺装备的工艺过程。把零件装配成构件、部件和最终产品的过程分别称为构件装配、部件装配和总装，如图2—1所示为典型注塑模具的装配图。

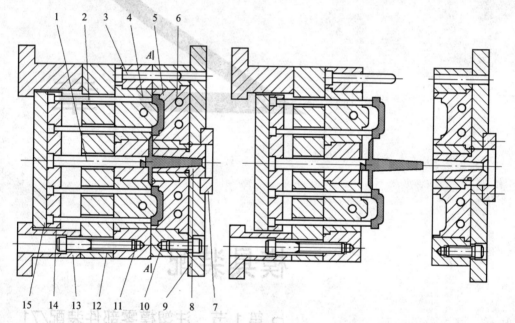

图2—1　典型注塑模具的装配图

1—拉料杆　2—推杆　3—导柱　4—动模板　5—定模板　6—型腔镶块
7—定位圈　8—浇口套　9—定模座板　10、11—紧固螺钉
12—垫板　13—动模座板　14—推杆固定板　15—推板

　　由于模具生产属于单件小批量生产，因此模具装配也适合于采用集中装配。其特点是工序集中，工艺灵活性大，工艺文件不详细，手工操作所占的比重较大，要求工人有较高的技术水平和多方面的工艺知识，另外所使用的设备和装配工具也以通用设备和工具为主。

第1节　注塑模零部件装配

→ 掌握钳工的基本操作技能
→ 掌握钳工常用测量工具的使用方法
→ 掌握平面分型面注塑模具的装配
→ 掌握平面分型面模具的装配工艺
→ 能够正确填写装配工艺卡
→ 掌握顶出装置中各零件的装配方法

一、模具装配工艺过程、模具装配的技术要求

1. 装配顺序的一般原则

（1）预处理工序在前。如零件的倒角、去毛刺、清洗、防锈、防腐处理应安排在装配前。

（2）先下后上。使模具装配过程中的重心处于最稳定的状态。

（3）先内后外。先装配产品内部的零部件，使先装部分不妨碍后续的装配。

（4）先难后易。在开始装配时，基准件上有较开阔的安装、调整和检测空间，较难装配的零部件应安排在先。

（5）可能损坏前面装配质量的工序应安排在先。如装配中的压力装配、加热装配、补充加工工序等，应安排在装配初期。

（6）及时安排检测工序。在完成对装配质量有较大影响的工序后，应及时进行检测，检测合格后方可进行后续工序的装配。

（7）使用相同设备、工艺装备及具有特殊环境的工序应集中安排。这样可减少产品在装配地的迂回。

（8）处于基准件同一方位的装配工序应尽可能集中连续安排。

（9）电线、油、气管路的安装应与相应工序同时进行，以防零、部件反复拆装。

（10）易碎、易爆、易燃、有毒物质或零部件的安装，尽可能放在最后，以减少安全防护的工作量。

2. 模具装配工艺过程

在总装前应选好装配的基准件，安排好上、下模（动、定模）的装配顺序。如以导向板作基准进行装配时，则应通过导向板将凸模装入固定板，然后通过上模配装下模。在总装时，当模具零件装入上下模板时，先装作为基准的零件，检查无误后再拧紧螺钉，打入销钉。其他零件以基准件配装，但不要拧紧螺钉，待调整间隙试冲合格后再紧固。

型腔模往往先将要淬硬的主要零件（如动模）作为基准，全部加工完毕后再分别加工与其有关联的其他零件。然后加工定模和固定板的 4 个导柱孔、组合滑块、导轨、型芯等零件，配镗斜导柱孔，安装好顶杆和顶板。最后将动模板、垫板、垫块、固定板等总装起来。模具的装配工艺过程如图 2—2 所示。

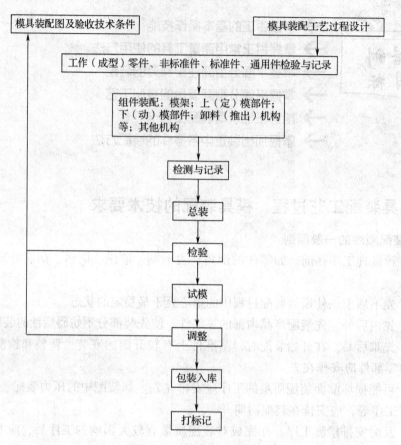

图 2—2　装配工艺过程

3. 模具装配技术要求

（1）组成注塑模具的所有零件，在材料、加工精度、热处理质量等方面均应符合相应图样的要求。

（2）组成模架的零件应达到规定的加工要求，见表 2—1；装配成套的模架应活动自如，并达到规定的平行度、垂直度等要求，见表 2—2。

表 2—1　　　　　　　　　　　模架零件的加工要求

零件名称	加工部位	条件	要求
动定模板	厚度 基准面	平行度	300：0.02 以内
		垂直度	300：0.02 以内
	导柱孔 导套孔	孔径公差	H7
		孔距公差	±0.02 mm
		垂直度	100：0.02 以内

零件名称	加工部位	条件	要求
导柱	压入部分直径	精磨	k6
	滑动部分直径	精磨	f7
	直线度	无弯曲变形	100：0.02 以内
	硬度	淬火、回火	55HRC 以上
导套	外径	磨削加工	k6
	内径	磨削加工	H7
	内外径关系	同轴度	0.012 mm
	硬度	淬火、回火	55HRC 以上

表 2—2　　　　　　　　　　　　模架组装后的精度要求

项目	要求	项目	要求
浇口板上平面对底板下平面的平行度	300：0.05	固定结合面间隙	不允许有
导柱导套轴线对模板的垂直度	100：0.02	分型面闭台时的贴合间隙	<0.03 mm

（3）装配后的闭合高度和安装部分的配合尺寸要求。

（4）模具的功能必须达到设计要求。

1）抽芯滑块和推顶装置的动作要正常。

2）加热和温度调节部分能正常工作。

3）冷却水路畅通且无漏水现象；顶出形式、开模距离等均应符合设计要求及使用设备的技术条件，分型面配合严密。

（5）为了鉴别塑料成型件的质量，装配好的模具必须在生产条件下（或用试模机）试模，并根据试模存在的问题进行修整，直至试出合格的成型件为止。

二、平面分型面注塑模零部件的装配方法

1. 型芯和型芯固定板部件的装配

（1）压入式型芯的装配

如图 2—3 所示为型芯的组装示意图。图 2—3a 中，正方形或矩形型芯的固定孔四角，加工时应留有 $R0.3$ mm 的圆角，型芯固定部位的四角则应有 $R0.6 \sim 0.8$ mm 的圆角。型芯大端装配后磨平。装配压入时用液压机，固定模板一定要放置在水平位置，打表校平后，才能进行装配。当压入 1/3 后，应校正垂直度，再压入 1/3，再校正一次垂直度，以保证其位置精度。图 2—3b 中，固定台阶孔的小孔入口处倒角 $C1$ mm，以保证装配。

如图 2—4 所示，型芯的装配配合面与成型面同为一个平面，加工简便，但不正确。因为在压入时，成型面通过装配孔后，会将成型面表面破坏。正确的配合装配方法如图 2—5 所示。图 2—5a 的成型面有 $30' \sim 2°$ 的脱模斜度，其配合部位尺寸应当与成型部位的大端相同或略大 $0.1 \sim 0.3$ mm。如与大端尺寸相同，则装配孔下端入口处应有 $1°$ 的斜度、高度为 $3 \sim 5$ mm。这样压入时，成型面才不会被擦伤，可保证装配质量（六方

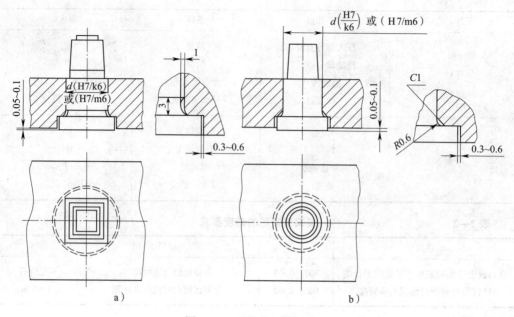

图2—3 型芯的组装示意图

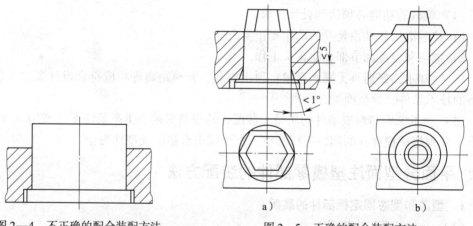

图2—4 不正确的配合装配方法   图2—5 正确的配合装配方法

型芯如有方向要求，则大端应加工定位销）。图2—5b中的型芯为铆装结构，特点是：型芯只是大端进行局部热处理，小端保持退火状态，便于铆装。小端装配孔入口处应倒角或加工圆角，便于进入。小端与孔的配合只能用H7/k6的过渡配合，切不可用H7/m6的过盈配合，否则压入时，小端较软会变形弯曲。小端装配时，用木质或铜质手锤轻轻敲入。成型面上端应垫木方或铜板。

（2）埋入式型芯的装配

埋入式型芯的装配如图2—6所示。

（3）螺钉固定式型芯与固定板的装配

螺钉固定式型芯与固定板的装配如图2—7至图2—9所示。

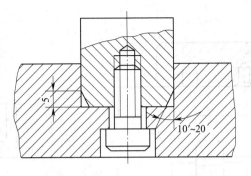

图 2—6 埋入式型芯的装配

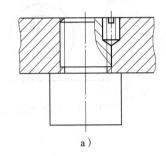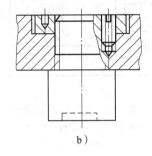

a) b)

图 2—7 螺纹连接式型芯

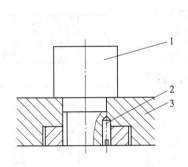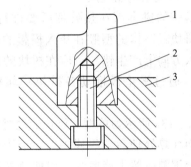

图 2—8 螺母紧固装配 图 2—9 螺钉紧固装配

1—型芯 2—止动销 3—固定板 1—型芯 2—紧固螺钉 3—固定板

（4）大型芯的装配（见图 2—10）

1）在加工好的型芯 1 上压入实心的定位销套。

2）在型芯螺孔口抹红丹粉，根据型芯在固定板 2 上的要求位置，用定位块 4 定位，把型芯与固定板合拢，用平行夹板 5 夹紧在固定板上。

3）在固定板背面划销孔位置，并与型芯一起钻、铰销孔，压入销钉 3。

2．型腔和型腔固定板部件的装配

（1）整体镶嵌式的型腔

型腔和动、定模板镶合后，其分型面要求紧密贴合。因此，对于压入式配合的型腔，其压入端一般都不允许有斜度，通常将压入时的导入部分设在模板上，可在固定孔的入口处加工出 1°的导入斜度，其高度不超过 5 mm，如图 2—11 所示。

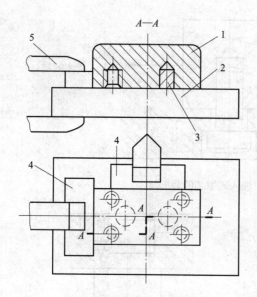

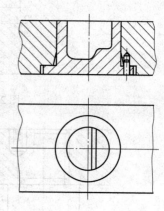

图2—10　大型芯固定结构

1—型芯　2—固定板　3—销钉

4—定位块　5—平行夹板

图2—11　整体镶嵌式的型腔

（2）拼块式结构的型腔

这种型腔的拼合面在热处理后要进行磨削加工。为了不使拼块式结构的型腔在压入模板的过程中，各拼块在压入方向上产生错位，应在拼块的压入端放一块平垫板，通过平垫板推动各拼块一起移动，如图2—12所示。

如图2—13a所示为单型腔拼块的镶拼装配。矩形型腔拼合面在热处理后须经修平后才能密合，因此矩形型腔热处理前应留出修磨量，以便热处理后进行修磨，最后达到要求的尺寸精度。修磨法有两种：其一，如果拼块材料是SCM3、SCM21或PDS5等预硬易切镜

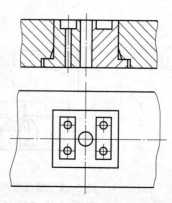

图2—12　拼块式结构的型腔

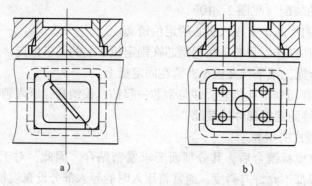

a)　　　　　　　　　　　b)

图2—13　单、双型腔拼块的装配

面钢，预硬热处理后硬度为 40 ~ 45HRC，用硬质合金铣刀完全可以加工、修理，也可用砂轮更换铣刀，在铣床上精磨出所需型腔；其二，如果材料为非易切钢，热处理硬度超过 50HRC 而难以切削加工，则可用电火花加工精修后抛光，也可达到要求。

镶拼的拼合面应避免出现尖锐的锐角形状以免热处理时出现变形而无法校正和修磨，故不能按型腔内的斜面作全长的斜拼合面（点画线位置），而应当做成实线表示的 Y 向拼合面。

如图 2—13b 所示为将两个型腔设计在镶拼的两块镶件上，便于加工，但拼合面应精细加工，使其密合。拼块装配后两端与模板一同磨平。

（3）型腔的修整

型腔的修整如图 2—14、图 2—15 所示。

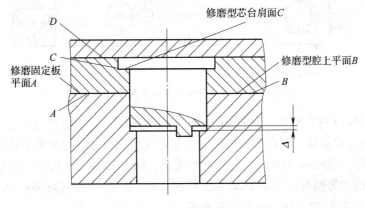

图 2—14 型腔的修整 1

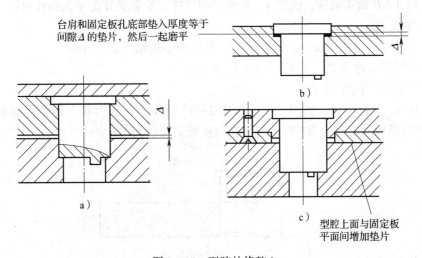

图 2—15 型腔的修整 2

3. 导柱、导套部件的装配

导柱、导套在两板式直浇道模具中分别安装在动、定模型腔固定模板中，保证动模板在启模和合模时都能灵活滑动，无卡滞现象，保证动、定模板上导柱和导套安装孔的中心距一致（其误差不大于 0.01 mm）。

为保证导柱、导套合模精度，加工导柱、导套安装孔时往往采用配镗来保证安装精度。

（1）导柱、导套安装孔配镗（见图2—16）

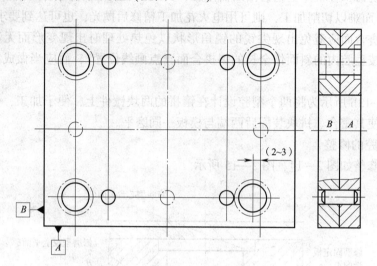

图2—16　导柱、导套安装孔配镗示意图

1）A、B板分别完成其六个平面的加工并达到所要求的位置精度后，以A、B面作为镗削加工的定位基准。镗孔前先加工工艺销钉定位孔（以A、B面作基准，配钻、铰后装入定位销）。180 mm×180 mm以内的小模具，用2个φ8 mm的销钉定位；600 mm×600 mm以内的中等模具，用4个φ8 mm或φ10 mm的定位销定位；600 mm以上的大模具，则需要6~8个φ2~16 mm的销钉定位。

2）以A、B面作基准，配镗A、B板中的导柱、导套安装孔（先钻孔再镗孔，镗后再扩台阶固定孔）。

3）为保证模具使用安全，四孔中的一孔的中心应错开2~3 mm。

4）镗好后清除毛刺、铁屑，擦净A、B板。

（2）导柱、导套的装配

1）选A、B任一板，利用心棒，如图2—17所示，在压力机上逐个将导套压入模板。心棒与模板的配合为H7/f7，而导套与模板的配合为H7/m6。

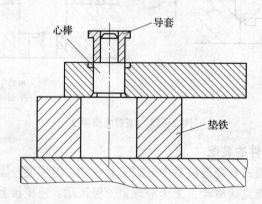

图2—17　利用心棒压入导套

2）如图 2—18 所示为短导柱用压力机压入定模板的装配示意图。如图 2—19 所示为长导柱压入固定板时，用导套进行定位，以保证其垂直度和同心度的精度要求。

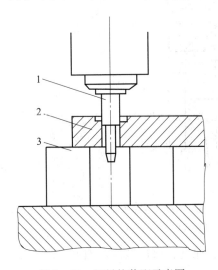

图 2—18　短导柱装配示意图
1—导柱　2—定模板　3—平行垫块

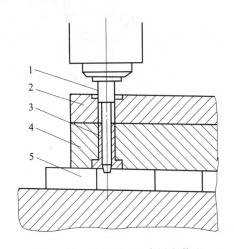

图 2—19　长导柱、导套导向装配
1—导柱　2—固定板　3—导套　4—定模板　5—平行垫块

装配时先要校正垂直度，再压入对角线的两个导柱，进行开模合模，试其配合性能是否良好。如发现卡、刮等现象，应涂红粉观察，看清部位和情况，然后退出导柱，进行纠正，并在校正后再次装入。在两个导柱配合状态良好的前提下，再装另外两个导柱。每装一次均应进行一次上述检查。

导柱、导套装入模板后，大端应高出模板 0.1～0.2 mm，待成型件安装好后，在磨床上一同磨平，如图 2—20 所示。

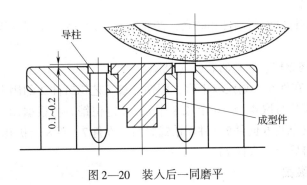

图 2—20　装入后一同磨平

4. 推杆及其相关零件的装配

（1）推杆的装配（见图 2—21）

1）将推板、推杆固定板、支承板重叠。

2）将支承板与动模板（型腔、型芯）重叠，配钻复位杆孔，配钻支承板上的推杆孔。

3）装配推杆，其具体步骤如下：

①将推杆孔入口处和推杆顶端倒出小圆角或斜度、不溢料。

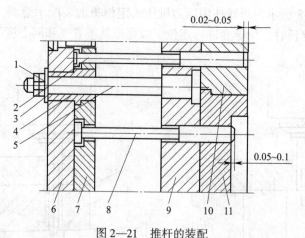

图 2—21 推杆的装配

1—螺母 2—复位杆 3—垫圈 4—导套 5—导柱 6—推板 7—推杆固定板
8—推杆 9—支承板 10—动模板 11—型腔镶块

②检查推杆尾部台肩的厚度及推板固定板的沉孔深度，保证装配后有 0.05 mm 的间隙修磨。

③将推杆及复位杆装入固定板 7，将导套 4 的推杆固定板 7 套在导柱 5 上，然后将推杆 8 的复位杆 2 穿入推杆固定板、支承板和型腔镶块推杆孔，而后盖上推板 6，用螺钉紧固。

④检查及修磨推杆及复位杆顶端面。

⑤推杆的导向段与型腔推杆孔的配合间隙要正确，一般用 H8/f8 配合。

⑥推杆和复位杆端面应分别与型腔表面和分型面平齐。

⑦当推杆数量较多时，应将推杆与推杆孔进行选配，以防止组装后，出现推杆动作不灵活、卡紧现象。

⑧必须使各推杆端面与制件相吻合，防止顶出点的偏斜，推力不均匀，使制件脱模时变形。

（2）推出机构导柱、导套的装配（见图 2—22）

将件 7、件 8 在件 6 上划线取中后，配钻、铰工艺销钉件 2 的固定孔（根据模具的大小，工艺销钉定位可取 4 个、6 个或 8 个），装定位销。再根据图样要求，划线、配钻、配铰导柱孔（从件 6 向件 7、件 8 钻镗之后，在件 7、件 8 上扩孔至导套 9，达到装配尺寸要求后，将导套压入件 7）。

5. 复位杆的装配

如图 2—23 所示，件 1 与件 3 用销钉定位，定位后，通过件 2 在件 3 上钻出推杆孔。图 2—23b 中，件 3、件 4 用销钉定位后，换钻头（比件 2 顶杆孔的钻头大 0.6 ~ 1 mm），对件 3 上的顶杆孔扩孔。同时一并钻出件 4 上的顶杆通孔。卸下件 4，翻面扩顶杆大端的固定台阶孔，从而完成顶杆固定板、支承板、定模板型腔镶件上顶杆孔和顶杆过孔的加工。件 1 在件 3、件 4 下依次叠放（件 4 装导套，套入导柱上），插入推杆、复位杆（复位杆的加工、安装与推杆相同）。

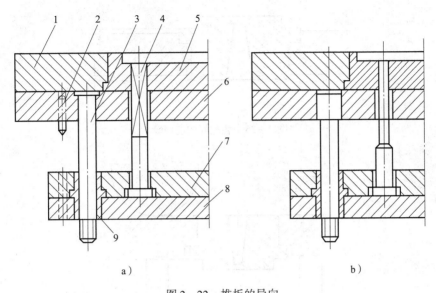

a）　　　　　　　　　　　　　b）

图 2—22　推板的导向

1—型腔板　2—限位销　3—导柱　4—推杆　5—型腔镶块　6—垫板　7—推杆固定板　8—推板

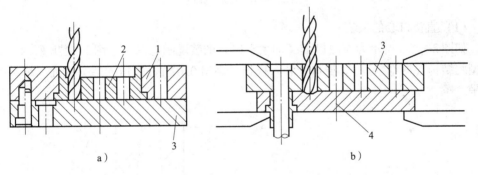

a）　　　　　　　　　　　　　b）

图 2—23　复位杆的安装

1—定模板　2—型腔镶块　3—推杆固定板　4—支承板

6. 拉料杆装配方法

模具浇注系统须保证浇注通道顺畅，所有拉料杆、限位杆运动平稳顺畅可靠，无歪斜和阻滞现象，限位行程准确，符合装配图样所规定的要求。

7. 浇口套与定模座板装配方法

浇口套与定模座板装配方法如图 2—24 至图 2—26 所示。

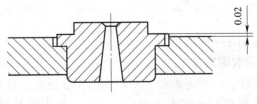

图 2—24　压入后的浇口套

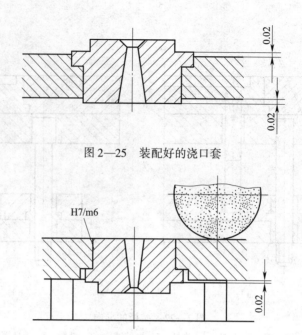

图 2—25　装配好的浇口套

图 2—26　修磨浇口套

（1）直浇口套的组装

如图 2—27a 所示为直浇口套（即大水口）的装配示意图，如图 2—27b 所示为点浇口型腔结构（即细水口）。浇口套装入模板后高出 0.02 mm，压入后，端面与模板一起磨平。

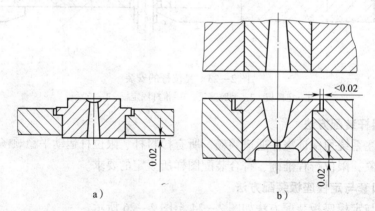

a）　　　　　　　　　　　b）

图 2—27　直浇口套的组装

（2）斜浇口套的组装

斜浇口套的组装如图 2—28 所示。

8. 推件板与型芯的装配方法

脱模推板一般有两种，一种是产品相对较大的大推板或多型腔的整体大推板，其大小与动模型腔板和支承板相同。这类推板的特点是：推出制品时，其定位是四导柱定位，即在推出制品的全过程中，始终不脱离导柱（导柱孔与 A、B 板一起配镗）。因板件较大，与制品接触的成型面部分多采用镶套结构，尤其是多型腔模具。镶套用 H7/m6 或 n6 与推板配合装紧，大镶套多用螺钉固定。

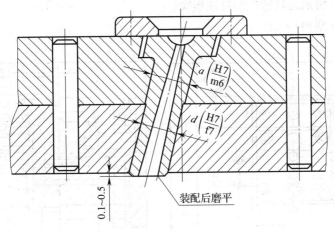

图 2—28 斜浇口套的组装

另一种是产品较小，多用于小模具、单型腔的镶入式锥面配合的推件板，如图 2—29 所示。既要保证推板与型芯和沉坑的配合要求，又要保持推板上的螺孔与导套安装孔的同轴度要求。镶入式推板与模板的斜面配合应使底面贴紧，上端面高出 0.03 ~ 0.06 mm，斜面稍有 0.01 ~ 0.02 mm 的间隙无妨。推板上的型芯孔按型芯固定板上的型芯位置配作，应保证其对于定位基准底面的垂直度为 0.01 ~ 0.02 mm，同轴度也同样要求控制在 0.01 ~ 0.02 mm。推板底面的推杆固定螺孔，按 B 板上的推杆孔配钻、配铰，保证其同轴度和垂直度。

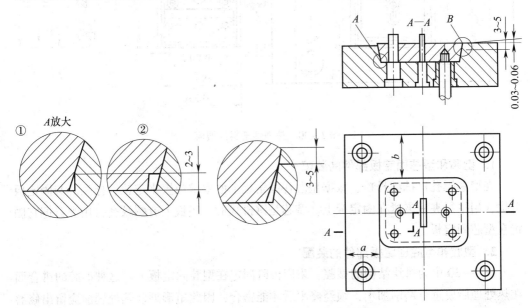

图 2—29 镶入式推件板装配

三、斜面分型面注塑模零部件的装配方法

如图 2—30 所示为热塑性塑料注塑模。

材料：ABS 塑料

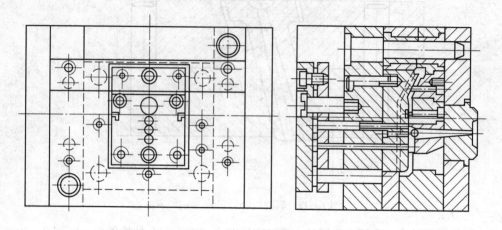

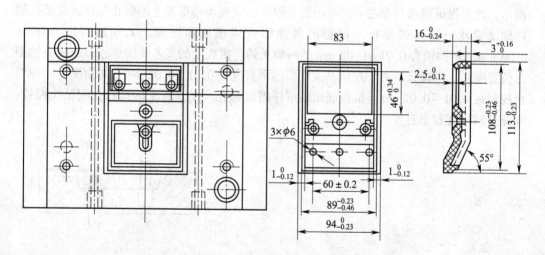

图 2—30　热塑性塑料注塑模

1. 型芯和型芯固定板部件的装配

在型芯螺孔口抹红丹粉，根据型芯在固定板上的要求位置来定位，把型芯与固定板合拢，用平行夹板夹紧在固定板上。型芯是镶拼式的，垫板上有螺纹孔，用螺钉把它固定在型芯固定板上。

2. 型腔和型腔固定板部件的装配

图 2—30 中为拼块结构的型腔，采用台阶固定在型腔固定板上。这种型腔的拼合面在热处理后要进行磨削加工，须经修平后才能密合，因此矩形型腔热处理前应留出修磨量，以便热处理后进行修磨，最后达到要求的尺寸精度。镶拼的拼合面应避免出现尖锐的锐角形状，以免热处理时出现变形而无法校正和修磨。

3．导柱、导套部件的装配

（1）压入前应对导柱、导套进行选配。

（2）装配时压入模板后，导柱和导套孔应与模板的安装基面垂直。

（3）保证动模板在启模和合模时都能灵活滑动，无卡滞现象。

（4）装配时应首先装配距离最远的两根导柱，装配合格后再装配第三、第四根导柱。

（5）保证动、定模板上导柱和导套安装孔的中心距一致（其误差不大于0.01 mm）。

4．推杆、复位板、拉料杆部件的装配

（1）在推杆孔入口处和推杆顶端倒出小圆角或斜度。

（2）推杆的导向段与型腔推杆孔的配合间隙要正确，一般用H8/f8配合。

（3）检查推杆尾部台阶厚度及推板固定板的沉孔深度，保证装配后有0.05 mm的间隙修磨。

（4）将推杆及复位杆装入固定板，盖上推板，用螺钉紧固。

（5）推杆在推杆孔中往复运动应平稳，无卡滞现象。

（6）推杆工作端面应高出型面0.05～0.10 mm。

5．合模总装

（1）装配要求

1）装配后模具安装平面的平行度误差不大于0.05 mm。

2）模具闭合后分型面应均匀密合。

3）导柱、导套滑动灵活，推件时推杆和推件板动作必须保持同步。

4）合模后，动模部分和定模部分的型芯必须紧密接触。在进行总装前，模具已完成导柱、导套等零件的装配并检查合格。

（2）模具的总装顺序

1）装配动模部分

①装配型芯。

②配作动模固定板上的推杆孔。

③配作限位螺杆孔。

④装配推杆及复位杆。

⑤装配垫块。

2）装配定模部分

①镶块与定模的装配。

②定模和定模座板的装配。

四、模具零部件装配连接与固定方法举例

1．定模装配

（1）将型腔镶块放到台虎钳上，将小型芯安装在型芯安装孔内，完成小型芯的装配，如图2—31所示。

（2）用旋具把水管闷头旋入，完成水管闷头的装配，如图2—32所示。

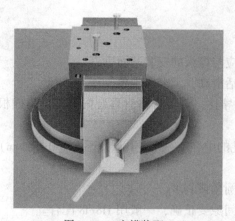

图 2—31　定模装配 1

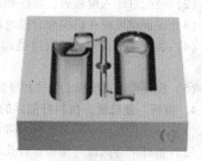

图 2—32　定模装配 2

（3）将定模板放到台虎钳上，然后把密封圈放入密封槽内，如图 2—33 所示。

（4）用铜锤将型腔镶块压入定模板安装孔内，如图 2—34 所示。

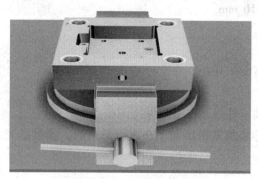

图 2—33　定模装配 3

图 2—34　定模装配 4

（5）将楔紧块放入定模板安装孔内，用内六角扳手旋入内六角螺钉，完成楔紧块的装配，如图 2—35 所示。

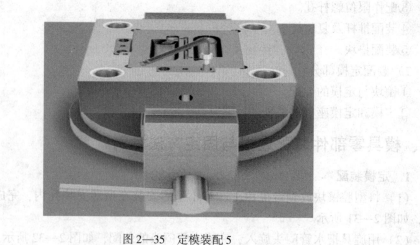

图 2—35　定模装配 5

（6）将定模板翻转180°，并再次放到台虎钳上，用内六角扳手旋入四个内六角螺钉，完成型腔镶块与定模板的装配，如图2—36、图2—37所示。

图2—36 定模装配6

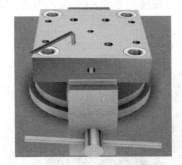
图2—37 定模装配7

（7）用铜棒把浇口套压入上模板安装孔内，用内六角扳手旋入内六角螺钉，完成浇口套的装配，如图2—38、图2—39所示。

图2—38 定模装配8

图2—39 定模装配9

（8）将定位环压入上模板安装孔内，用内六角扳手旋入内六角螺钉，完成定位环的装配，如图2—40所示。

（9）合上定模板，用内六角扳手依次旋入内六角螺钉，完成定模部分的装配，如图2—41所示。

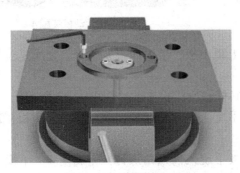
图2—40 定模装配10

图2—41 定模装配11

2. 动模装配

（1）将型芯压入型芯镶块中，完成型芯镶块的装配，如图2—42所示。

（2）用旋具把水管闷头旋入型芯镶块水管孔内，完成水管闷头的装配，如图2—43所示。

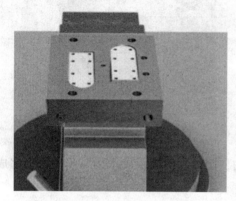 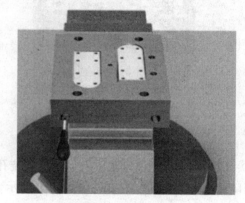

图2—42　动模装配1　　　　　　　　　　　图2—43　动模装配2

（3）将动模板放到台虎钳上，然后把密封圈放入密封槽内，如图2—44所示。

（4）用铜锤将型腔镶块压入动模板安装孔内。

（5）将楔紧块放到动模板安装孔内，用内六角扳手旋入内六角螺钉，完成楔紧块的装配，如图2—45所示。

 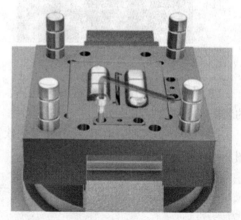

图2—44　动模装配3　　　　　　　　　　　图2—45　动模装配4

（6）将动模板侧放在工作台上，合上顶出板，装入四根复位杆，完成复位杆的装配，如图2—46所示。

（7）把拉料杆和顶杆放入，完成拉料杆和顶杆的装配，如图2—47所示。

（8）合上顶出固定板，用内六角扳手旋入内六角螺钉，完成顶出固定板、顶出板的装配。

（9）合上模脚、下模板，用内六角扳手旋入内六角螺钉，完成模脚、下模板的装配，如图2—48所示。

图 2—46 动模装配 5

图 2—47 动模装配 6

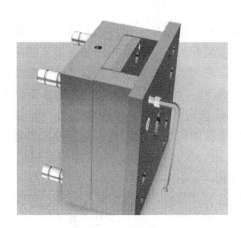

图 2—48 动模装配 7

3. 总装配

（1）用铜锤敲击四根复位杆，使顶出机构复位，如图 2—49 所示。

（2）合上定模，完成整副模具的装配，如图 2—50 所示。

图 2—49 总装配 1

图 2—50 总装配 2

第2节 注塑模总装配

→ 掌握钳工的基本操作技能
→ 掌握平面分型面模具装配工艺
→ 掌握平面分型面注塑模具总装配
→ 能够正确填写装配工艺卡

一、模具装配定位的基本要求、模具装配步骤

1. 模具装配的内容和特点

（1）模具装配的内容

模具装配的内容包括选择装配基准、组件装配、调整、修配、总装、研磨抛光、检验和试模、修模等工作。在装配时，零件或相邻装配单元的配合和连接，必须按照装配工艺确定的装配基准进行定位与固定，以保证它们之间的配合精度和位置精度，从而保证模具零件间精密均匀的配合，保证模具开合运动及其他辅助机构（如卸料、抽芯、送料等）运动的精确性，保证成型制件的精度和质量，保证模具的使用性能和寿命。通过模具装配和试模也将考核制件的成型工艺、模具设计方案、模具制造工艺编制等工作的正确性和合理性。

（2）模具装配工艺规程

模具装配工艺规程包括模具零件和组件的装配顺序、装配基准的确定、装配工艺方法和技术要求、装配工序的划分以及关键工序的详细说明、必备的二级工具和设备、检验方法、验收条件等。

（3）模具装配的特点

模具装配属单件装配生产类型，工艺灵活性大，大都采用集中装配的组织形式。模具零件组装成部件或模具的全过程，都是由一个工人或一组工人在固定的地点来完成的。模具装配中手工操作的比重大，要求工人有较高的技术水平和多方面的工艺知识。

2. 装配精度要求

（1）相关零件的位置精度

相关零件的位置精度包括定位销孔与型孔之间，上、下模之间，动、定模之间，凸模、凹模之间，型腔、型孔与型芯之间的位置精度等。

（2）相关零件的运动精度

相关零件的运动精度包括直线运动精度、圆周运动精度及传动精度。例如导柱和导套之间的配合状态，顶块和卸料装置的运动是否灵活可靠，送料装置的送料精度。

（3）相关零件的配合精度

相关零件的配合精度包括相互配合零件的间隙或过盈量是否符合技术要求。

（4）相关零件的接触精度

相关零件的接触精度包括例如模具分型面的接触状态如何，间隙大小是否符合技术要求，弯曲模、拉深模的上下成型面的吻合一致性等。模具装配精度的具体技术要求参考相应的模具技术标准。

3. 模具装配顺序

对注塑模的装配顺序没有严格的要求，但有一个突出的特点是零件的加工和装配常常是同步进行的，即经常边加工边装配，这是与冷冲模装配所不同的。

注塑模的装配基准有两种：一种是当动、定模在合模后有正确配合要求，互相之间易于对中时，以其主要工作零件如型芯、型腔、镶件等作为装配基准，在动、定模之间对中后才加工导柱、导套；另一种是当塑料件结构形状使型芯、型腔在合模后很难找正相对位置，或者是模具设有斜滑块机构时，通常是先装好导柱、导套，作为模具的装配基准。

4. 模具装配的工艺方法

装配工作的主要任务是保证模具产品在装配后能够达到规定的各项精度要求。保证装配精度的方法可归纳为修配装配法、调整装配法、互换装配法和选择装配法四大类。

（1）修配装配法

修配装配法是在某零件上预留修配量，装配时根据实际需要修整预修面来达到装配要求的方法。修配装配法的优点是能够获得很高的装配精度，而零件的制造精度可以放宽。缺点是装配中增加了修配工作量，工时多且不易预先确定，装配质量依赖工人的技术水平，生产效率低。如图 2—51 所示为注塑模浇口套组件的修配装配法示意图。

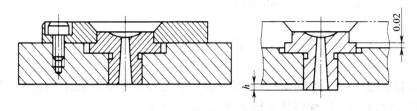

图 2—51　修配装配法示意图

采用修配装配法时应注意：

1）应正确选择修配对象。即选择那些只与本装配精度有关，而与其他装配精度无关的零件作为修配对象。然后再选择其中易于拆装且修配面不大的零件作为修配件。

2）应通过尺寸链计算，合理确定修配件的尺寸和公差。既要保证它有足够的修配量，又不要使修配量过大。

3）应考虑用机械加工方法来代替手工修配。如用手持电动或气动修配工具。

（2）调整装配法

将各相关模具零件按经济加工精度制造，在装配时通过改变一个零件的位置或选定适当尺寸的调节件（如垫片、垫圈、套筒等）加入到尺寸链中进行补偿，以达到规定装配精度要求的方法称为调整装配法。如图2—52所示是塑料注塑模滑块型芯水平位置的调整装配法示意图。

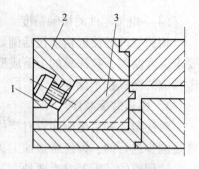

图2—52　调整装配法示意图
1—调整垫片　2—楔紧块　3—滑块型芯

调整装配法的优点是：在各组成环按经济加工精度制造的条件下，能获得较高的装配精度；不需要做任何修配加工，还可以补偿因磨损和热变形对装配精度的影响。

调整装配法的缺点是：需要增加尺寸链中零件的数量，装配精度依赖工人的技术水平。

（3）互换装配法

装配时，各个配合的模具零件不经选择、修配、调整，组装后就能达到预先规定的装配精度和技术要求，这种装配方法称为互换装配法。它是通过控制零件的制造误差来保证装配精度的方法。其原则是各有关零件公差之和小于或等于允许的装配误差，用公式表示如下：

$$\delta_\Delta \geqslant \sum_{i=1}^{n} \delta_i$$

式中　δ_Δ——装配允许的误差（公差）；

　　　δ_i——各有关零件的制造公差。

互换装配法的优点是：

1）装配过程简单，生产率高。

2）对工人技术水平要求不高，便于流水作业和自动化装配。

3）容易实现专业化生产，降低成本。

4）备件供应方便。

但是互换法将提高零件的加工精度（相对其他装配法），同时要求管理水平较高。

（4）选择装配法

1）直接选配法。直接选配法是在装配时，工人从许多待装配的零件中，直接选择合适的零件进行装配，以保证装配精度要求的装配方法。

2）分组选配法。分组选配法是将配合副中各零件的公差相对完全互换法所要求数值放大数倍，使其能按经济精度加工，再按实际测量尺寸将零件分组，按对应的组分别进行装配，以达到装配精度要求的装配方法。

3）复合选配法。复合选配法是以上两种方法的结合，先将零件预先测量分组，装配时再在各对应组内凭工人的经验直接选择装配。这种装配方法的特点是配合公差可以不等，装配质量高，装配速度快，能满足一定生产节拍的要求。

5. 模具装配步骤

将完成全部加工，经检验符合图样和有关技术要求的注塑模具成型件、结构件以及配购的标准件（标准模架等）、通用件，按总装配图的技术要求和装配工艺顺序逐件进行配合、修整、安装和定位，经检验和调整合格后，加以连接和紧固，使之成为整体模具，最后交付合格的商品模具为止的全过程称为注塑模具装配工艺过程。

装好的模具应进行初次试模，经检验合格后可进行小批量试生产，以进一步检验模具质量的稳定性和性能的可靠性。若试模中发现问题，或样品检验发现问题，则须进行进一步的调整和修配，直至完全符合要求。

6. 装配注意事项

（1）装配前，装配者应熟知模具结构、特点和各部功能并吃透产品及其技术要求，并确定装配顺序和装配定位基准以及检验标准和方法。

（2）所有成型件、结构件都无一例外地应当是经检验确认的合格品。检验中如有个别零件的个别不合格尺寸或部位，必须经模具设计者或技术负责人确认不影响模具使用性能和使用寿命，并且不影响装配。否则，有问题的零件不能进行装配。配购的标准件和通用件也必须是经过进厂入库检验合格的成品。同样，不合格的不能进行装配。

（3）装配的所有零、部件，均应经过清洗、擦干。有配合要求的，装配时涂以适量的润滑油。装配所需的所有工具，应清洁、无垢无尘。

（4）模具的组装、总装应在平整、洁净的平台上进行，尤其是精密部件的组装，更应在平台上进行。

（5）过盈配合（H7/m6、H7/n6）和过渡配合（H7/k6）的零件装配，应在压力机上进行，一次装配到位。无压力机需进行手工装配时，不允许用铁锤直接敲击模具零件，应垫以洁净的木方或木板，而且只能使用木质或铜质的榔头。

二、平面分型面注塑模具的装配定位方法

1. 动、定模主分型面装配准备

（1）合模前，须清洗动、定模各镶件及各模板。

（2）合模前，须确认动、定模主分型面尺寸是否达到图样所规定的要求。

（3）合模前，须在动、定模主分型面均匀涂上合模红丹。

2. 动、定模主分型面装配工艺

（1）合模时，对基准角将定模导入动模。

（2）合模时，动、定模应垫着铜棒压入，不能用铁棒直接敲打，并保持各主分型面压力适中均匀。

（3）合模时，动、定模主分型面配合须均匀到位，合模红丹影印均匀清晰，各分型面配合间隙小于该模具塑料材料溢边值 0.03 mm，避免各分型面漏胶产生毛刺。

（4）当合模红丹影印不均匀时，各分型面配合须进行局部研配，分型面的研配必须通过精密修配或精密加工完成，不能用砂轮机打磨等粗加工方法；对分型面达不到图样精度要求的工件，装配钳工应该把它退回机加工，不能擅自修改，需要钳工修改的工件必须经过技术人员的确认才可进行。

（5）合模后，动、定模主分型面须开设排气槽，保证排气顺畅，排气槽通常开在动模侧，排气槽的开设按分型面排气槽开设表（见表2—3）执行。

（6）装配后，动、定模各零件须做好安装位置标识。

表 2—3 　　　　　　　　　　　　　　　　分型面排气槽开设表

排气槽间距 （mm）	排气槽离型腔距离 （mm）	排气槽宽度 （mm）	排气槽前端深度 （mm）	排气槽后端深度 （mm）
30～50	3～5	8～10	0.02～0.04	0.05～0.10

三、斜面分型面注塑模具的装配定位方法

如图 2—53 所示为热塑性塑料注塑模。

（1）按图样要求检验各零件尺寸。

（2）修磨定模与卸料板分型曲面的密合程度。

（3）将定模、卸料板和支承板叠合在一起并用夹板夹紧，镗导柱、导套孔，在孔内压入工艺定位销后，加工侧面的垂直基准。

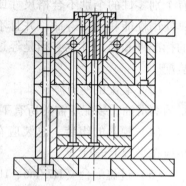

（4）利用定模的侧面垂直基准确定定模上实际型腔中心，作为以后加工的基准，分别加工定模上的小型芯孔、镶块型孔的线切割工艺穿丝孔和镶块台肩面。修磨定模型腔部分，并压入镶块组装。

（5）利用定模型腔的实际中心，加工型芯固定型孔的线切割穿丝孔，并进行线切割型孔。

图 2—53　热塑性塑料注塑模

（6）在定模卸料板和支承板上分别压入导柱、导套，并保持导向可靠，滑动灵活。

（7）用螺孔复印法和压销钉套法，紧固定位型芯于支承板上。

（8）过型芯引钻、铰支承板上的顶杆孔。

（9）过支承板引钻顶杆固定板上的顶杆孔。

（10）加工限位螺钉孔、复位杆孔，并组装顶杆固定板。

（11）组装模脚与支承板。

（12）在定模座板上加工螺孔、销钉孔和导柱孔，并将浇口套压入定模座板上。

（13）装配定模部分。

（14）装配动模部分，并修正顶杆和复位杆的长度。

（15）装配完毕进行试模，试模合格后打标记并交验入库。

四、平面、斜面分型面注塑模具装配基准的选择方法

1. 以注塑模中的主要零件为装配基准

导柱和导套孔先不加工，先将型腔和型芯镶件加工好，然后装入定模和动模内，在型腔和型芯之间以垫片法或工艺定位法来保证壁厚，定模和动模合模后再用平行夹板夹紧，镗制导柱和导套孔。这种方法适用于大、中型模具。

2. 以有导柱和导套的模板相邻两侧面为装配基准

将已有导向机构的定模和动模装配后，磨削模板相邻两侧面成90°，然后以侧面为装配基准分别安装定模和动模上的其他零件。

五、注塑模总装流程图

1. 接收工作指令、图样、工艺卡片，如图 2—54 所示。

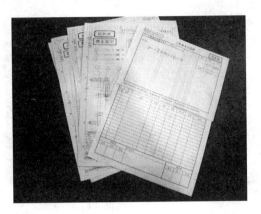

图 2—54　流程 1

2. 领出标准件，如图 2—55 所示。

图 2—55　流程 2

3. 准备工具、量具，如图 2—56 所示。

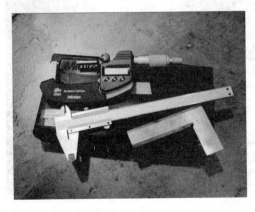

图 2—56　流程 3

4. 水、气、油路孔保持干净，装好中堵、堵头，如图 2—57、图 2—58 所示。

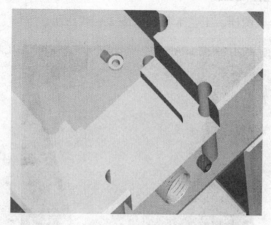

图 2—57　流程（1）

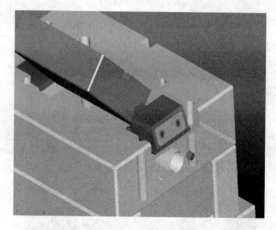

图 2—58　流程（2）

5. 斜顶杆配入主镶件，斜顶杆顶部型面与主镶件型面接平，如图 2—59 所示。

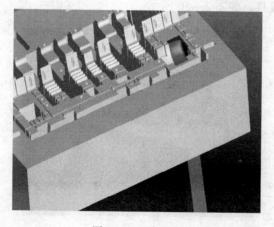

图 2—59　流程 5

6. 小镶件配入主镶件，单面缩小 0.005 mm，如图 2—60 所示。

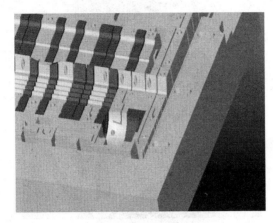

图 2—60　流程 6

7. 密封圈必须完好无损，高出平面 0.3 ~ 0.5 mm，如图 2—61 所示。

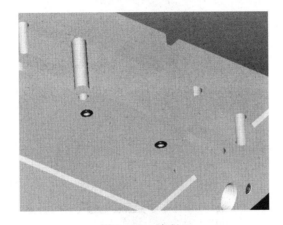

图 2—61　流程 7

8. 固定镶件时，螺钉必须对角慢慢旋紧，如图 2—62 所示。

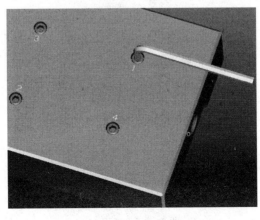

图 2—62　流程 8

9. 以 1 MPa 的压力试压 30 min，如图 2—63 所示。

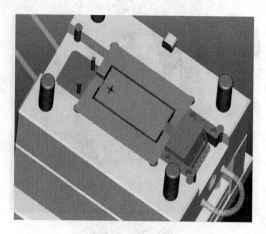

图 2—63　流程 9

10. 耐磨片表面应有 0.05 mm 左右的余量待配，如图 2—64 所示。

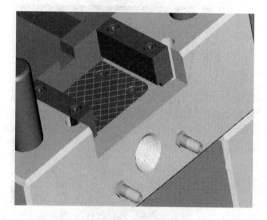

图 2—64　流程 10

11. 封料口有余量时以磨凸模为原则，如图 2—65 所示。工艺卡有要求的除外。

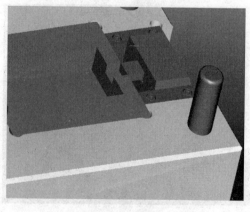

图 2—65　流程 11

12. 有细、长、薄型芯需要插穿的，必须有工艺垫块，如图 2—66 所示。

图 2—66　流程 12

13. 滑块上的耐磨片不允许手工打磨，耐磨片沉孔必须高于螺钉 0.5 mm，如图 2—67 所示。

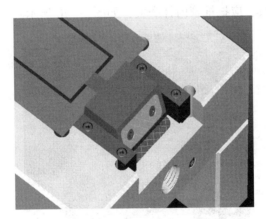

图 2—67　流程 13

14. 顶针装配时的手感以拇指轻轻推进为好，如图 2—68 所示。

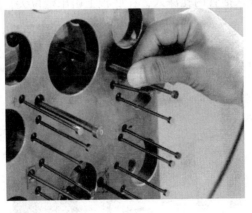

图 2—68　流程 14

15. 顶针台阶必须低于平面 0.02～0.05 mm，如果高出平面，就不允许修磨顶针台阶，应修整固定板台阶，如图 2—69 所示。

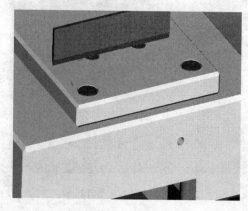

图 2—69　流程 15

16. 装好动模部分并在动模和推板间放好合适的工艺垫块，准备磨顶针。

17. 有推管的模具，应把推管内针磨尖，如图 2—70 所示。

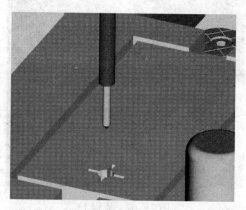

图 2—70　流程 17

18. 利用推管内针从推管内孔深入，在底板上引出定位尖，如图 2—71 所示。

图 2—71　流程 18

19. 顶针高出 0 ~ 0.05 mm，表面粗糙度可比型芯低一个等级，透明料除外，如图 2—72 所示。

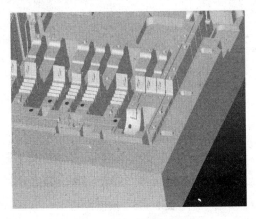

图 2—72 流程 19

20. 拆下顶针前将顶针编号，如图 2—73 所示。

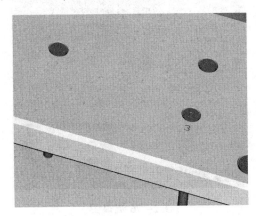

图 2—73 流程 20

21. 按推管内针引出的中心，钻、攻内针固定孔，如图 2—74 所示。

图 2—74 流程 21

22. 分别依序装好动、定模部分，镶件顶针不能加油，如图2—75所示。

图2—75　流程22

23. 压紧螺钉，拉料钉与螺钉应有0.01~0.05 mm的间隙，如图2—76所示。

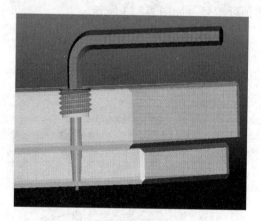

图2—76　流程23

24. 装好定位圈压紧螺钉，如图2—77所示。

图2—77　流程24

25. 用红丹确认定模底板与浇口板已经贴合，如图 2—78 所示。

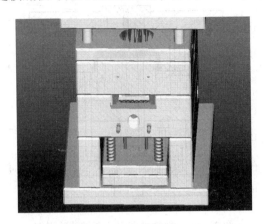

图 2—78　流程 25

26. 装好锁模块、水管接头，打上标号，把模具吊到规定地方，如图 2—79 所示。

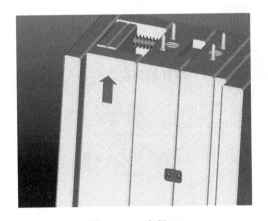

图 2—79　流程 26

六、合模总装

如图 2—80 所示是热塑性塑料注塑模的装配图，以其为例，说明注塑模的装配方法。

1. 精修定模。
2. 精修动模型芯及动模固定板型孔。
3. 同镗导柱、导套孔。
4. 复钻各螺孔、销孔及推杆孔。
5. 将动模型芯压入动模固定板。
6. 压入导柱、导套。
7. 磨平安装基面。
8. 复钻推板上的推板导柱及顶杆孔。

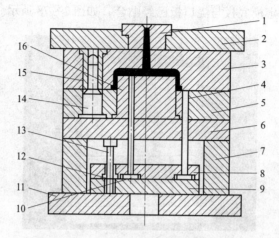

图 2—80　热塑性塑料注塑模的装配图

1—浇口套　2—定模座板　3—定模板　4—复位杆　5—动模板　6—垫板　7—模脚　8—推杆固定板

9—推板　10—顶杆　11—定模座板　12、15—导套　13、14—导柱　16—型芯

9. 将浇口套压入定模板。

10. 装配定模部分。

11. 装配动模。

12. 修正推板导柱、复位杆、顶杆的长度。

13. 试模与调整。

第

3

章

质量检验

一、质量检验的定义

1. 检验就是通过观察和判断，适当结合测量、试验所进行的符合性评价。对产品而言，是指根据产品标准或检验规程对原材料、中间产品、成品进行观察，适当进行测量或试验，并把所得到的特性值和规定值作比较，判定出各个物品或成批产品合格与不合格的技术性检查活动。

2. 质量检验就是对产品的一个或多个质量特性进行观察、测量、试验，并将结果和规定的质量要求进行比较，以确定每项质量特性合格情况的技术性检查活动。

二、质量检验的基本要点

1. 一种产品为满足顾客要求或预期的使用要求和政府法律、法规的强制性规定，都要对其技术性能、安全性能、互换性能及对环境和人身安全、健康影响的程度等多方面的要求作出规定，这些规定组成对产品相应质量特性的要求。不同的产品会有不同的质量特性要求，同一产品的用途不同，其质量特性要求也会有所不同。

2. 对产品的质量特性要求一般都转化为具体的技术要求在产品技术标准（国家标准、行业标准、企业标准）和其他相关的产品设计图样、作业文件或检验规程中明确规定，成为质量检验的技术依据和检验后比较检验结果的基础。经对照比较，确定每项检验的特性是否符合标准和文件规定的要求。

3. 产品质量特性是在产品实现过程中形成的，是由产品的原材料、构成产品的各个组成部分（如零、部件）的质量决定的，并与产品实现过程的专业技术、人员水平、设备能力甚至环境条件密切相关。因此，不仅要对过程的作业（操作）人员进行技能培训、实行合格上岗，对设备能力进行核定，对环境进行监控，明确规定作业（工艺）方法，必要时对作业（工艺）参数进行监控，而且还要对产品进行质量检验，判定产品的质量状态。

4. 质量检验是要对产品的一个或多个质量特性，通过物理的、化学的和其他科学技术手段和方法进行观察、试验、测量，取得证实产品质量的客观证据。因此，需要有适用的检测手段，包括各种计量检测器具、仪器仪表、试验设备等，并且对其实施有效控制，保持所需的准确度和精密度。

5. 质量检验的结果，要依据产品技术标准和相关的产品图样、过程（工艺）文件或检验规程的规定进行对比，确定每项质量特性是否合格，从而对单件产品或成批产品的质量进行判定。

三、质量检验的主要功能

1. 鉴别功能

根据技术标准、产品图样、作业（工艺）规程或订货合同的规定，采用相应的检测方法观察、试验、测量产品的质量特性，判定产品质量是否符合规定的要求，这是质量检验的鉴别功能。鉴别是"把关"的前提，通过鉴别才能判断产品质量是否合格。不进行鉴别就不能确定产品的质量状况，也就难以实现质量"把关"。鉴别主要由专职检验人员完成。

2. "把关"功能

质量"把关"是质量检验最重要、最基本的功能。产品实现的过程往往是一个复杂的过程，影响质量的各种因素（人、机、料、法、环）都会在这过程中发生变化和波动，各过程（工序）不可能始终处于等同的技术状态，质量波动是客观存在的。因此，必须通过严格的质量检验，剔除不合格品并予以"隔离"，实现不合格的原材料不投产，不合格的产品组成部分及中间产品不转序、不放行，不合格的成品不交付（销售、使用），严把质量关，实现"把关"功能。

3. 预防功能

现代质量检验不单纯是事后"把关"，还同时起到预防的作用。检验的预防作用体现在以下几个方面：

（1）通过过程（工序）能力的测定和控制图的使用起预防作用。无论是测定过程（工序）能力或使用控制图，都需要通过产品检验取得一批数据或一组数据，但这种检验的目的，不是为了判定这一批或一组产品是否合格，而是为了计算过程（工序）能力的大小和反映过程的状态是否受控。如发现能力不足，或通过控制图表明出现了异常因素，需及时调整或采取有效的技术、组织措施，提高过程（工序）能力或消除异常因素，恢复过程（工序）的稳定状态，以预防不合格品的产生。

（2）通过过程（工序）作业的首检与巡检起预防作用。当一个班次或一批产品开始作业（加工）时，一般应进行首件检验，只有当首件检验合格并得到认可后，才能正式投产。此外，当设备进行了调整又开始作业（加工）时，也应进行首件检验，其目的都是防止出现成批不合格品。而正式投产后，为了及时发现作业过程是否发生了变化，还要定时或不定时到作业现场进行巡回抽查，一旦发现问题，就可以及时采取措施予以纠正。

（3）广义的预防作用。实际上对原材料和外购件的进货检验，对中间产品转序或入库前的检验，既起把关作用，又起预防作用。前过程（工序）的把关，对后过程（工序）就是预防，特别是应用现代数理统计方法对检验数据进行分析，就能找到或发现质量变异的特征和规律。利用这些特征和规律就能改善质量状况，防止不稳定生产状态的出现。

4. 报告功能

为了使相关的管理部门及时掌握产品实现过程中的质量状况，评价和分析质量控制的有效性，把检验获取的数据和信息，经汇总、整理、分析后写成报告，为质量控制、质量改进、质量考核以及管理层进行质量决策提供重要信息和依据。

质量报告的主要内容包括：

（1）原材料、外购件、外协件进货验收的质量情况和合格率。

（2）过程检验、成品检验的合格率、返修率、报废率和等级率，以及相应的废品损失金额。

（3）按产品组成部分（如零、部件）或作业单位划分统计的合格率、返修率、报废率及相应的废品损失金额。

（4）产品报废原因的分析。

（5）大质量问题的调查、分析和处理意见。

第1节 零部件质量检验

→ 根据零件技术要求，制定合理的测量方案

→ 按照零件尺寸要求，选择合理的检测器具

→ 能正确使用检测器具

→ 能对零件的测量结果作出正确评估

→ 能正确保养检测器具

[工作情境]

主动轴（见图3—1）是注塑模中螺纹型芯的旋转轴，若跳动超差，则会造成齿轮配合传动不稳定。

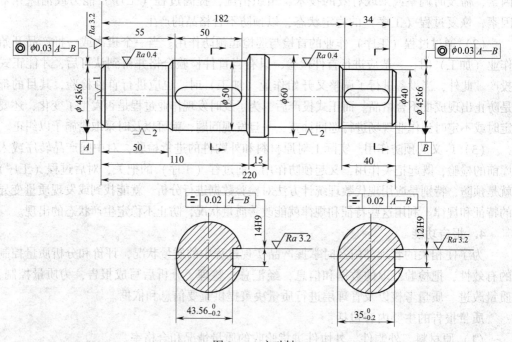

图3—1 主动轴

[相关知识]

1. 识读零件图。

2. 使用游标卡尺、外径千分尺、内测千分尺、偏摆仪、百分表测量长度、直径、跳动的方法。

3. 长度、直径、键槽长度、跳动尺寸是否合格的判断。

4. 游标卡尺、外径千分尺、内测千分尺、偏摆仪、百分表的维护与保养方法。

任务一　长度测量

活动：使用游标卡尺测量长度。

[活动分析]

根据端部尺寸 182 mm、40 mm 的技术要求，选用精度为 0.02 mm、测量范围为 0～150 mm 的游标卡尺进行测量。游标卡尺如图 3—2 所示。

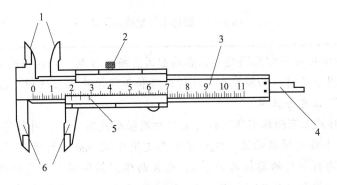

图 3—2　游标卡尺

1—内测量爪　2—紧固螺钉　3—尺身　4—深度尺　5—游标　6—外测量爪

[活动实施]

1. 测量步骤

（1）擦净被测零件表面。

（2）核对量具零位。

（3）测量并读数。

（4）先读整数，看游标零线的左边，根据尺身上最靠近的一条刻线的数值，读出被测尺寸的整数部分，如图 3—3 所示。

（5）再读小数，看游标零线的右边，数出游标第几条刻线与尺身的数值刻线对齐，读出被测尺寸的小数部分（即游标读数值乘以其对齐刻线的顺序数）。

（6）得出被测尺寸，把上述的整数部分和小数部分相加，就是卡尺所测的尺寸。

（7）测量完毕，将量具复位（若不复位，数据重测），整理好放回盒内。

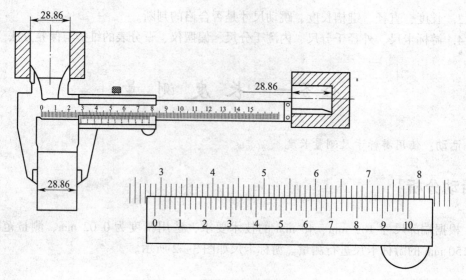

图 3—3　游标卡尺量值的识读

使用游标卡尺时的常见问题、存在的原因、解决方案、注意事项如下：

1）在使用卡尺前，必须检查卡尺的外观和各部位的相互作用，经检查合格后，再校对其"0"位是否正确。

2）当游标尺上有两根刻线同时与主尺的两根刻线对齐时，则取游标尺两根对齐刻线之和的一半作为读数结果。这种现象在使用 0.02 mm 游标卡尺时经常出现。例如，0.02 mm 游标卡尺的游标尺的第7、第8两根刻线同时与主尺的两根刻线对齐，这时该卡尺的小数值是 $0.02 \times [(7+8) \div 2] = 0.15$（mm）。严格地说，游标尺的两根刻线与主尺的两根刻线是不能完全对齐的，因为游标尺的每格宽度与主尺的每格宽度不相等。例如，分度值为 0.02 mm 的游标卡尺的游标尺的每格宽度 $b = 0.98$ mm，而主尺的每格宽度 $a = 1$ mm，两者相差 0.02 mm。

3）为了减小读数误差，除了从设计上改进游标的结构外，读数时，眼睛一定要垂直于刻线面进行读数。

4）卡尺上的尺框与尺身在窄面之间有较大的间隙，该间隙是靠弹簧片消除的。测量时，如果用拇指用力推挤尺框，弹簧片就会产生变形，使尺框产生微量倾斜，从而影响测量精度。正确的测量方法是：用拇指轻轻推动（测量内孔及沟槽时要拉动）尺框，使卡尺两测量面接触到被测表面的同时轻轻活动卡尺，使测量面逐渐归于正确位置即可读数。

5）用游标卡尺测量时，两测量爪对应点的连线应与被测尺寸方向相平行，否则会导致测量误差大。测量圆柱面时，两测量爪对应点的连线，应通过工件直径，才能测得真实的尺寸。有时，受测量爪长度限制，测不到被测外圆的直径尺寸，只有将卡尺置于外圆的一端面，才能测得直径尺寸（见图 3—4a）。如果在其他地方测量，测得的只有该处横截面的一条弦长（见图 3—4b）。因此，要测量该处直径，必须换大卡尺或其他量具进行测量。

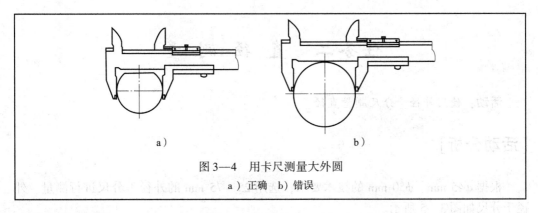

图 3—4 用卡尺测量大外圆

a）正确 b）错误

2．检测报告

仿照表 3—1 自己设计零件检测报告单，将测量数据填入其中，并进行数据处理。

表 3—1　　　　　　　　　　　　　　零件检验报告表

采购单编号			供应商				
零件名称			料号		点收数量		抽样数
存放仓库				适用批号			产品名称
编号	各检验项目检验记录					合格	备注
						是　否	
检验结果	□合格 □不合格 □			处理方式		审核	检验者

年　月　日　填表人：

任务二　直径测量

活动：使用外径千分尺测量直径。

[活动分析]

根据 $\phi45$ mm、$\phi50$ mm 的技术要求，选用 25~75 mm 的外径千分尺进行测量。外径千分尺如图 3—5 所示。

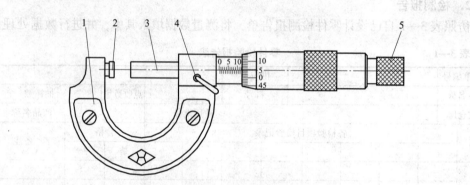

图 3—5　外径千分尺

1—尺架　2—固定量杆　3—测微螺杆　4—锁紧装置　5—测力装置

[活动实施]

1. 测量步骤

（1）擦净被测零件表面。

（2）核对量具零位。用校对棒，使其与外径千分尺零位相对齐，当测微螺杆与测砧接触后，刻度上的零线与固定刻度上的水平横线应该是对齐的。只要零位偏差不超过 ±0.002 mm（2 μm），该千分尺就视为合格，无须校正，否则需要校正。

（3）测量并读数。

（4）先读出微分筒固定套筒上的刻度值，如图 3—6 所示。

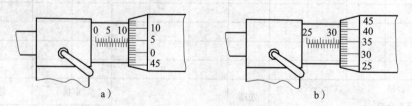

图 3—6　外径千分尺的读数方法

a）12 mm + 0.04 mm = 12.04 mm　　b）32 mm + 0.34 mm = 32.34 mm

（5）然后找出微分筒上哪条刻线与固定套筒上的轴向基准刻线对准，读出微分筒上的刻度值。

（6）把固定套筒上的刻度值与微分筒上的刻度值相加，即为测得的实际尺寸。

（7）测量完毕，将量具复位（若不复位，数据重测），整理好放回盒内。

外径千分尺工作原理与技术要点

外径千分尺是利用一对精密螺纹配合件，把测微螺杆的旋转运动变成直线位移，该方法是符合阿贝原则的。测微螺杆的螺距一般制成 0.5 mm，即测微螺杆旋转一周，沿轴线方向移动 0.5 mm。微分筒圆周有 50 个分度，所以微分筒刻度值为 0.01 mm。

使用外径千分尺时的常见问题、存在的原因、解决方案、注意事项如下：

1）必须使用棘轮。任何测量都必须在一定的测力下进行，棘轮是千分尺的测力装置，其作用是在千分尺的测量面与被测面接触后控制恒定的测量力，以减少测量力变动引起的测量误差。所以在测量中必须使用棘轮，在它起作用后才能进行读数。在测量中，当千分尺的两个测量面快要与被测面接触时，就轻轻地旋转棘轮，待棘轮发出"咔咔咔"的声音，说明测量面与被测面接触后产生的力已经达到测量力的要求，此时可以进行读数。

2）注意微分筒的使用。在比较大的范围内调节千分尺时，应该转动微分筒而不应该旋转棘轮，这样不仅能提高测量速度，而且能防止棘轮不必要的磨损。只有当测量面与被测面快要接触时才旋转棘轮进行测量。退尺时，应该旋转微分筒，而不应旋转棘轮或后盖，以防后盖松动而影响"0"位。旋转微分筒或棘轮时，不得快速旋转，以防测量面与被测面发生猛撞，把测微螺杆撞坏。

3）注意操作千分尺的方法。使用大型千分尺时，要由两个人同时操作。测量小型工件时，可以用两只手同时操作千分尺，其中一只手握住尺架的隔热装置，另一只手操作微分筒或棘轮；也可以用左手拿工件，右手的无名指和小指夹住尺架，食指和拇指旋动棘轮；还可以用右手的小指和无名指把千分尺的尺架压在掌心内，食指和拇指旋转微分筒（不用棘轮）进行测量，这种方法由于不用棘轮，测力大小是凭食指和拇指的感觉来控制的，因此不容易测量准确。

4）注意测量面和被测面的接触状况（见图3—7）。当两测量面与被测面接触后，要轻轻地晃动千分尺或晃动被测工件，使测量面和被测面紧密接触。测量时，不得只用测量面的边缘。

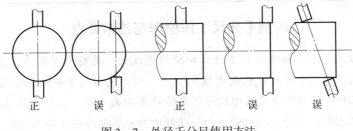

正　　　误　　　正　　　误　　　误

图3—7　外径千分尺使用方法

2. 检测报告

仿照表3—1自己设计零件检测报告单，将测量数据填入其中，并进行数据处理。

任务三　键槽长度、宽度测量

活动：使用内测千分尺测量长度、宽度。

[活动分析]

内测千分尺（见图3—8）可以用来测量长度类零件的内形尺寸。根据键槽长度、宽度的技术要求，选用25~50 mm的内测千分尺进行测量。

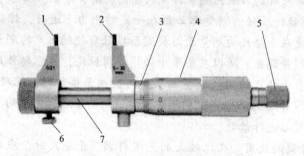

图3—8　内测千分尺

1—固定测量爪　2—活动测量爪　3—固定套筒　4—微分筒　5—测力装置　6—锁紧装置　7—螺杆

[活动实施]

1. 测量步骤

（1）清洁工件，有毛刺则去毛刺。

（2）清洁、检查、校对内测千分尺。

（3）测量时，固定测量爪与被测表面接触，摆动活动测量爪的同时，转动微分筒，使活动测量爪在正确的位置上与被测工件手感接触，就可以从内测千分尺读数。所谓正确的位置是指测量两平行平面距离时，应测得最小值；测量内径尺寸时，轴向找最小值，径向找最大值。离开工件读数前，应用锁紧装置将测微螺杆锁紧，再进行读数。

内测千分尺工作原理与技术要点

内测千分尺是用于测量小尺寸内径和槽的宽度的。其特点是容易找正内孔直径，测量方便。国产内测千分尺的精度为0.01 mm，测量范围有5~30 mm、25~50 mm、50~70 mm三种。内测千分尺的读数方法与外径千分尺类似，只是套筒上的刻线尺寸与外径千分尺相反，另外它的测量方向和读数方向也都与外径千分尺相反。

---

2. 检测报告

仿照表3—1自己设计零件检测报告单，将测量数据填入其中，并进行数据处理。

任务四 跳 动 测 量

活动：使用偏摆仪、百分表测量跳动。

[活动分析]

偏摆仪（见图3—9）、百分表可以用来测量跳动。

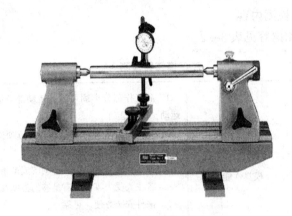

图3—9 偏摆仪

[活动实施]

1. 测量步骤

（1）清洁被测工件，擦净轴的两顶尖孔，顶尖孔内不能有毛刺和脏物。

（2）将主动轴安装在仪器的两顶尖间。

（3）对 $\phi 45$ mm 左右两端及 $\phi 40$ mm 的外圆截面进行跳动测量。

（4）调节表架，使百分表的测量头垂直于被测轴中心线，且使百分表的指针压半圈以上，转动表圈使指针指零。

（5）转动被测工件，在整个被测面上旋转进行测量，并记录测量值 M_i。

（6）选出测量值 M_i 中的最大值 M_{max} 与最小值 M_{min}。

（7）利用公式 $\Delta = M_{max} - M_{min}$ 计算跳动误差。

2. 检测报告

仿照表3—1自己设计零件检测报告单，将测量数据填入其中，并进行数据处理。

第 2 节　注塑模总装配检验

→ 能对模具总装配进行评估和检验

→ 确保模具能生产出合格的产品

一、注塑模模具检测内容、标准及工具

1. 注塑模模具检测内容

注塑模模具检测内容见表 3—2。

表 3—2　　　　　　　　　　　　注塑模模具检测内容

型腔模具	模具性能	1. 各工作部分牢固可靠，活动部分能灵活、平衡、协调地运动，定位准确 2. 模具安装平衡，调整和操作方便安全，能满足稳定正常工作和生产效率的要求 3. 便于投入生产，没有苛刻的成型条件 4. 各主要受力零件要有足够的强度及刚度 5. 嵌件安装方便、可靠 6. 脱模良好 7. 加料、取料、浇注金属及取件方便，消耗材料少 8. 配件、附件齐全，使用性能良好
	制件质量	1. 尺寸精度、表面粗糙度符合图样要求 2. 结构完整，表面光整平滑，没有缺陷 3. 顶杆残留凹痕不得太深 4. 飞边不得超过规定要求 5. 制件质量稳定，性能良好

2. 模具检测标准

（1）塑料注塑模标准

塑料注塑模标准有《塑料注射模零件》（GB/T 4169—2006）、《塑料注射模零件技术要求》（GB/T 4170—2006）、《塑料注射模模架技术条件》（GB/T 12556—2006）、《塑料注射模模架》（GB/T 12555—2006）。

（2）塑料模具质量标准

塑料模具质量标准有《塑料注射模技术条件》（GB/T 12554—2006）、《塑封模技术条件》（GB/T 14663—2007）。

3. 模具检测工具

模具检测工具见表 3—3。

表 3—3　　　　　　　　　　　　　　　　模具检测工具

名称	用途	精度
卡尺	测量相交构造尺寸、一般线性尺寸	0.01 mm
精密千分尺	测量线性尺寸、直径等	0.001 mm
块规	测量物件高度、间隙	0.1 mm
高度仪	测量模具部件高度、深度等	0.001 mm
投影仪	测量相交构造尺寸、一般线性尺寸	0.01 mm
工具显微镜	测量坐标尺寸、一般线性尺寸	0.01 mm
手动三坐标测量仪	测量坐标尺寸、一般线性尺寸	0.01 mm
半径规	测量工件半径	0.05 mm
针规	测量样品直径、间隙等	0.005 mm
千分表	测量高度、平面度、垂直度等	0.001 mm
塞尺	检测变形间隙	0.02 mm
圆度仪	测量圆度、同心度、全跳动	0.005 mm
自动三坐标测量机	测量坐标尺寸、几何误差、空间相交构造、圆球形、公差带、曲面等	0.002 mm
表面粗糙度仪	测量样品模具表面粗糙度	0.1 μm
硬度计	测量模具钢材、零件硬度	0.2HRC
电子秤	称样品质量	0.01 g
推拉力计	检测样品力度要求	0.1 kg
牙规	测量粗细喉牙、蜗杆、螺杆等	0.1 mm
抄数机	样品抄数	0.05 mm
辅助夹具	制品测量夹具、成型夹具	—
常用工具	披锋刀、锯条、常用文具	—

4. 注塑模具的检测

（1）注塑模具质量标准（见表 3—4）

表 3—4   注塑模具质量标准

检验项目	质 量 要 求
尺寸、结构检验	1. 模具闭合高度、安装于机床的各配合部位尺寸、顶出形式、开模距离、模具工作要求等应符合设备条件 2. 模具外露部分的锐边应倒钝，敲印生产编号 3. 对于中、大型模具应有起重用吊孔或吊环，而且其位置、数量、大小要合理 4. 各种接头、阀门等附件及备件应齐全 5. 应有合模标记 6. 成型零件、浇注系统的表面应有足够的表面质量 7. 飞边方向应保证不影响脱模 8. 各滑动零件配合间隙要适当，起止位置的定位正确，镶嵌紧固零件要紧固可靠 9. 模具稳定性要好，并且有足够的强度，工作时应受力均衡 10. 工作时互相接触的承压零件（如互相接触的型芯、凸模与挤压环等）之间应有适当间隙和合理的承压面积及承压形式，以防止零件间直接挤压
动作检验	1. 闭模后各承压面（或分型面）之间不得有间隙 2. 活动型芯、顶出及导向部位等运动时滑动应平稳、灵活，间隙适当，定位及导向正确 3. 锁紧零件作用可靠，紧固零件不得有松动 4. 开模时顶出部分应保证顺利脱模，以便取出塑件及浇注系统废料 5. 冷却水路通畅，阀门控制正常，无漏水 6. 电加热器无漏电现象，能达到模温要求 7. 各气动、液压控制机构动作正确，阀门使用正常 8. 附件使用良好

（2）注塑模具检验方法

1）专用工具检验。

2）利用量具、夹具、仪器及设备检验。

3）合模检查法。

（3）注塑模具的试模

1）加入原料。

2）调整设备。

3）试模。

4）产生合格模具。

二、注塑模总装配检验

根据产品的要求和合同的规定，经设计、制造、装配、调试和检验的模具还必须在相应的成型机上进行该产品的成型试生产。此种成型试生产的过程称为试模。

试模的目的是实际验证模具结构是否正确、可靠，使用性能是否良好、稳定，所成型的制品是否合格，连续生产 1 000 件的废品率是多少等。

1. 试模前首先应选定相应的成型机

根据产品产量、质量、模具结构尺寸以及产品材料的成型工艺要求等因素来确定成型机的注射量、锁模力、成型压力及其规格型号。

安装模具前，可按成型工艺过程的要求条件进行试运转，运转正常后再进行预热。

2. 模具的安装、机床的调整及试模

模具完成总装配，经检查确认合格后，可在选定的注射机上，以确保操作者的安全和设备、模具的完好无损为原则，进行安装、固定，并对机床进行调整，以确保试模工作的顺利进行。

（1）模具安装前的检查

检查模具的合模高度以及最大外形尺寸是否符合所选定的机床的相应尺寸条件。

检查吊装模具上的吊环螺钉和模具上的相应螺孔是否完好无损，孔的位置是否能保证吊装的平稳和安全可靠。

有气动和液压结构的模具，其配件是否齐全，完好无损。阀门、行程开关、油嘴等控制元件的动作是否灵活可靠。

检查定位环尺寸、浇口套主浇道入口孔等是否与机床的相关部位对正。

检查动模固定板上推杆孔的尺寸位置是否与机床的推杆尺寸位置相符合，有无偏移。

检查并核算模具的最大开模距离是否在机床模板的最大开模距离的范围内。

检查模具导柱、导套的配合是否良好，有无卡滞或松动现象。

选择与机床模板上螺孔尺寸相同的螺钉，用以固定模具。

（2）模具安装

模具检查后，装上吊环螺钉，进行整体吊装。吊装时，由操作者一人指挥，要慢，要稳。操作者应在模具一侧，控制并防止模具离地后大幅度摆动。吊到机床上方，开始下放时，更要慢而稳，以防碰坏机床或模具。严禁模具吊在空中无人控制；严禁任何人站在模具下方。模具与机床定位孔对准后，慢慢合拢机床与模具。同时，再次查看是否对正，此时，机床不加压，吊具不松吊。操作机床喷嘴，慢慢靠近，轻轻接触浇口套，查看是否对正。经检查无误，模具各部正常，可稍加压力之后松开吊具并撤离机床。

（3）模具的固定

用压板、螺钉将模具分别固定在机床的动、定模板上。螺钉、压板的固定位置和压紧处分配要合理。紧固时要对角线同时拧紧，用力均匀，一步步增加拧紧力，严防一处完全紧死，再紧另一处。

对于大型、特大型模具（注射量在 1 800 cm³ 以上的设备上生产的模具），除增加压板螺钉的尺寸和数量以外，还应在模具的下方安装支承压板，协助承载模具的重量，以保证模具、机床的安全和生产的顺利进行。有侧抽芯结构的模具应使抽芯方向为水平方向。

（4）机床的调试

慢速开模后，调整顶出杆的位置，应使推杆固定板与动模垫板间留有间隙（5 mm左右），防止工作时损坏模具。计算好模板行程，固定行程滑块控制开关，调整好动模板行程距离。试验、校好顶出杆工作位置。调整合模装置限位开关。最后低压、慢速合模，观察各零件工作位置是否正确。

（5）试模（见图3—10）

图3—10　试模工厂（实地）

模具安装好后，空模具开、合、顶出、复位、侧抽芯各部动作反复进行多次，开合时要慢、要稳。既要细心观察各部零件动作的状态、平衡程度、运动位置，还要仔细聆听运动声音是否正常，有无杂音、干磨声、撞击声等，以便及早发现问题，消除隐患，确保安全。

检查、清除螺杆和料筒内的非试模用的残料和杂质。

试模中清除浇口凝料、飞边等，只允许用竹、木、铜、铝器具，严禁用铁质工具。

试模初始几模，型腔要喷脱模剂，模具滑动配合部分喷涂润滑油。初始前几模压力不宜大，料不宜打满，应逐步调整增加。每注射一模都要仔细检查，确认无异常现象后，再进行下一模。当工艺参数调整到最佳值，试模样品也达到最佳状态时，应进行记录，检验样品，写出检验报告，并有明确结论。

（6）模具验收

模具验收主要根据合同要求的条款和双方的协议。验收要根据试模样品检验报告和结论，根据试模状态记录，也可根据国家验收技术条件进行。

模具验收应填写验收单，双方负责人应在验收单上签字。

验收合格的模具装箱交货。装箱应有装箱清单，写明装箱物品名称、数量、日期等。

三、模具总装配检验注意事项

1. 模具铭牌内容完整，字符清晰，排列整齐。

2. 铭牌应固定在模脚上靠近模板和基准角的地方。铭牌固定可靠，不易剥落。

3. 冷却水嘴应选用塑料块插水嘴，顾客另有要求的除外。

4. 冷却水嘴不应伸出模架表面。

5. 冷却水嘴需加工沉孔，沉孔直径为 25 mm、30 mm、35 mm 三种规格，孔口倒角，倒角应一致。

6. 冷却水嘴应有进出标记。

7. 标记英文字符和数字应大于 5/6 in，位置在水嘴正下方 10 mm 处，字迹应清晰、美观、整齐、间距均匀。

8. 模具配件应不影响模具的吊装和存放。安装时若下方有外露的油缸、水嘴、预复位机构等，应有支承腿保护。

9. 支承腿的安装应用螺钉穿过支承腿固定在模架上，过长的支承腿可用车加工外螺纹柱子紧固在模架上。

10. 模具顶出孔尺寸应符合指定的注射机要求，除小型模具外，不能只用一个中心顶出。

11. 定位圈应固定可靠，圈直径分 100 mm、250 mm 两种，定位圈高出底板 10~20 mm。顾客另有要求的除外。

12. 模具外形尺寸应符合指定注射机的要求。

13. 安装有方向要求的模具应在前模板或后模板上用箭头标明安装方向，箭头旁应有 "UP" 字样，箭头和文字均为黄色，字高为 50 mm。

14. 模架表面不应有凹坑、锈迹、多余的吊环、油孔等。

15. 模具应便于吊装、运输，吊装时不得拆卸模具零部件，吊环不得与水嘴、油缸、预复位杆等干涉。

16. 前后模表面不应有不平整、凹坑、锈迹等影响外观的缺陷。

17. 镶块与模框配合，四周圆角应有小于 1 mm 的间隙。

18. 分型面保持干净、整洁，封胶部分无凹陷。

19. 排气槽深度应小于塑料的溢边值。

20. 嵌件研配应到位，安放顺利、定位可靠。

21. 镶块、镶芯等应可靠定位固定，圆形件有止转装置，镶块下面不垫铜片、铁片。

22. 顶杆端面与型芯一致。

23. 前后模成型部分无倒扣、倒角等缺陷。

24. 筋位顶出应顺利。

25. 多腔模具的制品，若左右件对称，则应注明 L 或 R，顾客对位置和尺寸有要求的，应符合顾客要求，一般在不影响外观及装配的地方加上，字号为 1/8。

26. 模架锁紧面研配应到位，75% 以上面积碰到。

27. 顶杆应布置在离侧壁较近处及筋、凸台的旁边，并使用较大顶杆。

28. 对于相同的件应注明编号 1、2、3 等。

29. 各碰穿面、插穿面、分型面应研配到位。

30. 分型面封胶部分应符合设计标准。中型以下模具为 10 ~ 20 mm，大型模具为 30 ~ 50 mm，其余部分机加工避空。

31. 皮纹及喷砂应均匀，达到顾客要求。

32. 外观有要求的制品，制品上的螺钉应有防缩措施。

33. 深度超过 20 mm 的螺钉柱应选用顶管。

34. 制品壁厚应均匀，偏差控制在 ±0.15 mm 以下。

35. 筋的宽度应在外观面壁厚的 60% 以下。

36. 斜顶、滑块上的镶芯应有可靠的固定方式。

37. 前模插入后模或后模插入前模，四周应有斜面锁紧并机加工避空。

第4章

注塑模试模与修模

注塑试模是根据塑料制品所设计的模具在相应的注射机上进行的，主要验证模塑出的制品是否符合设计标准和质量要求。其目的一是验证所设计模具的可生产性，保证注射成型的最佳工艺参数；二是确定该制品注射成型的最佳工艺参数，相应的注塑模具的调试经过工艺确定、流道修改和型腔处理三个大的阶段。首先要根据注射机和制件材料的性质确定最佳的工艺条件以保证物料塑化良好，然后在确定的工艺条件下修改流道使得物料充填均匀饱满，最后通过修改型腔保证制件的外形尺寸符合要求。试模是技术管理、生产管理、经营管理的基础，它为生产的全过程提供原始数据。因此，模具调试是塑料制品厂的重要生产环节。调试人员必须具备注塑设备、原料性能、工艺方法、模具结构等方面的知识和丰富的实践经验，对注射成型工艺十分熟悉，对注射机的传动调整操作自如，对模具结构清楚，有时打开模具不通过试模就能指明模具存在的问题，而不必上机调试，如模具定位圈尺寸同注射机模板定位孔是否吻合，喷嘴球体和喷嘴孔径与模具的主流道套及孔径是否吻合，流道尺寸、形式、浇口大小、位置等问题在试模前很容易被发现。调试人员应对调试过程中的问题能够及时反应并处理。长时间认真地试模和积累经验必然有利于模具设计和制定成型工艺水平的提高。

第1节 注塑模试模准备

→ 了解模具试模前需要做的准备工作
→ 了解相关准备工作对模具试模的重要性

当接到一副新模具需打样试模时，我们总是渴望能早一些试出一个结果且希望过程顺利以免浪费工时并造成困扰。但在此必须注意两点：第一，模具设计师及制造技师有时也会发生错误，在试模时若不提高警觉，可能会因小的错误而产生大的损害；第二，试模的结果是要保证以后生产的顺利，若在试模过程中没有遵循合理的步骤及作适当的记录，就无法保障量产时的顺利进行。我们更强调的是"模具运用顺利的话将迅速增加利润的回收，否则所造成的成本损失会更甚于模具本身的造价"。

一、了解模具的有关资料

最好能取得模具的设计图样并邀约模具技师参加试模工作。这里指的图样有两份，一份是模具调试的产品图样，另一份是模具图样。根据产品图样可以了解产品要求的材料、几何尺寸、功能和外观要求，如颜色、斑点、杂质、接痕、凹陷等。根据模具图样可以了解模具调试选用的设备技术参数与模具要求是否吻合，工具及附件是否齐全。

二、模具的检查

模具安装到注射机前，应该根据模具图样对模具进行检查，以便及时发现问题，进行修模。根据模具装配图可以检查模具的外形尺寸、定位圈尺寸、主流道入口的尺寸、与喷嘴相配合的球体尺寸以及冷却水的进口与出口、压板垫块的高度和宽度等。模具的浇注系统、型腔等需要打开模具检查，当模具动模和定模分开后，应该注意方向记号，以免合拢时搞错。以上动作若能在吊模前做到，就可避免在吊模时发现问题，再去拆卸模具所发生的工时浪费。

三、注射设备的检查

当确定模具各部动作得宜后，应确认所使用设备的油路、水路、电路、机械运动部分均已按要求保养，并检查设备的技术参数、定位圈的直径、喷嘴球体的大小、喷嘴孔径、最小模具厚度、最大模具厚度、移模行程、拉杆间距、顶出方法等都要满足试模要求，做好开车前的准备工作。试模设备应该同将来生产时的机器相一致。这是因为设备的技术参数同试模产品的技术标准有联系，温度的波动、压力的变化幅度、空循环的时间以及机械和液压传动的稳定性等都会影响产品的质量。若采用大合模力的设备试模，则调换到小合模力的注射机上成型时条件有可能需要改变。

四、材料准备

检查所加工的塑料原料的规格、型号、牌号、添加剂、色母料等是否满足要求。对于湿度大的原料应进行干燥处理确定配比。原则上原料应采用图样规定的原料，因为模具是根据原料的物理力学性能设计的，也可以用流动性好、易快速固化、热稳定性好的原料。试验模具的结构，应使产品各部位、圆角、壁厚、加强筋的分布情况真实地体现出来，这可以作为修改模具的参考使用。勿完全以次料试模，如有颜色需求，可一并安排试色。

五、冷却水管或加热线路

接通模具冷却水管或加热线路检查，如果分型面采用液压或马达也应该分别接通检查。

六、工具及附件

试模工具是试模人员的专用工具，盛装在手提式工具箱内，携带方便。每个调试人员应该配备一套。同试模有关的工具有机械扳手、垫块、检查模具温度的测温计、检查模具尺寸的量卡器具、检查制品用的工具等，以及操作时常用的铜棒、铜片、砂纸等必备品。

嵌件的检查很重要，试模的各种嵌件包括金属嵌件、塑料嵌件、橡胶嵌件、纸制品嵌件，还有为保证制品成型后不变形用的定型件等，都必须进行严格检测，以免损伤模具，造成不可弥补的损失。

第2节 模具安装与试模

→ 掌握模具在注射机上的安装方法
→ 掌握注塑模试模操作方法

一、注塑模的安装

1. 模具安装基础知识

（1）模具在注射机上的固定方法

注塑模具的动模和定模固定板要分别安装在注射机动模板和定模板上，模具在注射机上的固定方法有两种：一种是用螺钉直接固定，模具固定板与注射机模板上的螺孔应完全吻合，对于质量较大的大型模具，采用螺钉直接固定较为安全；另一种是用螺钉、压板固定，只要在模具固定板需安放压板的位置外侧附近有螺孔就能固定，因此，压板固定具有较大的灵活性。

（2）模具的吊装

可根据现场的实际吊装条件确定是采用整体吊装还是分体吊装。

1）对于小型模具，一般采用整体吊装。

2）对于大中型模具，可采用分体吊装。

（3）装模

在模具装上注射机之前，应按设计图样对模具进行检验，以便及时发现问题，进行修理，减少不必要的重复安装和拆卸。在对模具的固定部分和活动部分进行分开检查时，要注意方向记号，以免合拢时搞错。模具尽可能整体安装，吊装时要注意安全，操作者要协调一致密切配合。当模具定位圈装入注射机上定模板的定位圈座后，可以极慢的速度合模，由动模板将模具轻轻压紧，然后装上压板。通过调节螺钉，将压板调整到与模具的安装基准面基本平行后压紧。压板的数量可根据模具的大小进行选择，一般为4~8块。在模具被紧固后可慢慢启模，直到动模部分停止后退，这时应调节机床的顶杆使模具上的推杆固定板和动模支承板之间的距离不小于5 mm，以防止顶坏模具。最后，接通冷却水管或加热线路。对于采用液压或电动机分型的模具也应分别进行接通和检验。

2. 小型注塑模整体安装

（1）清理模板平面及模具安装面上的油污及杂物。

（2）模具的安装。对于小型模具，先在机床下面两根导柱上垫好木板，模具从侧面送入机架内，将定模装入定位孔并摆正位置，慢速闭合模板将模具压紧。然后，用压板及螺钉压紧定模，并初步固定动模。再慢速开启模具，找准动模位置，并在保证开、闭模具时动作平稳、灵活、无卡紧现象后再将动模用压板螺钉紧固。动模与定模的压紧应平稳可靠，压紧面要大，压板不得倾斜，要对角压紧。压板要尽量靠近模脚。注意在合模时，动、定模压板不能相撞。

（3）调节锁模机构，以保证机器有足够的开模力和锁模力。

（4）调节顶出装置，保证顶出距离。调整后，顶板不得直接与模体相碰，应留有 5~10 mm 的间隙。开合模具时，顶出机构应动作平稳、灵活，复位机构应协调可靠。

（5）校正喷嘴与浇口套的位置及弧面接触情况。校正时，可将白纸放在喷嘴及浇口套之间，观察两者接触情况。校正后，拧紧注射定位螺钉，进行紧固。

（6）接通冷却水路及电加热器。冷却水路要通畅、无泄漏；电加热器应接通，并应有调温、控温装置，动作灵敏可靠。

（7）先开车空运转，观察各部位是否正常，然后可进行试模，一定将工作场地清理干净，并注意安全。

3．大中型模分体安装

（1）先把定模从机器上方吊入机器间。

（2）把定模装入定位孔，找正其位置后用压板通过螺钉压紧。

（3）然后将动模吊入机器装模间，与定模配合。

（4）合模后初步压紧动模（螺钉不要拧紧）。

（5）开启模具，使定模进入动模并相配合，待动模位置调整正确后，再将螺钉拧紧，将其紧固。

二、注塑模的试模

为了确保注塑模具、产品结构、塑料原料等符合开发设计的要求，保证量产的顺利进行，及时发现注塑模具、产品结构、塑料原料存在的问题，并力求从工艺角度解决这些问题，应把存在的问题及时反馈给相关部门。必须在模具制作完成正式投入使用前进行试模，根据试模结果予以调整。

为了避免量产时浪费时间，有必要耐心调整及控制各种加工条件，并找出最好的温度及压力条件。试模的主要步骤如下：

（1）查看料筒内的塑料是否正确无误，及是否依规定烘烤。试模与生产若用不同的原料，则很可能得出不同的结果。

（2）料管的清理务求彻底，以防杂料射入模内，因为杂料可能会将模具卡死。测试料管的温度及模具的温度是否适合加工的原料。

（3）模具在慢速合上之后，要调好关模压力，并动作几次，查看有无合模压力不均匀现象，以免成品产生毛边及模具变形。

（4）以上步骤都检查过后再将安全顶杆及顶出行程定好。

（5）如果涉及最大行程的限制开关，应把开模行程调短，而在此开模最大行程之前切掉高速开模动作。这是因为在装模期间和整个开模行程中，高速动作行程比低速动作行程要长。

（6）在作第一模射出前再查对以下各项：

1）加料行程。

2）压力。

3）充模速度。

4）加工周期。

5）了解产品型腔结构特点，深腔结构或结构较为复杂的模具是否有出现粘模的可能，在最初调试射出前须喷适量的脱模剂，以防止产品粘模。

6）调整压力及射出量以求生产出外观令人满意的成品，但是不可出现毛边，尤其是还有某些型腔成品尚未完全凝固时，在调整各种控制条件之前应思考一下，因为充模率稍微变动，就可能会引起很大的充模变化。

7）耐心地等到机器及模具的条件稳定下来，一般要等 10 min 以上。可利用这段时间来查看成品可能发生的问题。

8）控制螺杆前进的时间不少于闸口塑料凝固的时间，否则成品质量会降低而损伤成品的性能，且当模具被加热时螺杆的前进时间亦需酌情加长以便压实成品。

9）把新调出的条件至少运转 10 min 以至稳定，然后至少连续生产一打全模样品，在其模具上标明日期、数量，并按型腔分别放置，以便测试其运转的稳定性及导出合理的控制公差。

10）测量样品并记录其重要尺寸。

11）把每模样品量得的尺寸逐个比较，注意：

①尺寸是否稳定。

②是否有某些尺寸有增大或减小的趋势而显示机器加工条件仍在变化，如不良的温度或压力控制。

③尺寸的变动是否在公差范围之内。

12）如果成品尺寸不发生变动而加工条件也正常，则需观察是否每一型腔的成品质量都可被接受，其尺寸都能在容许公差之内。量出最大、最小和平均值的型腔，并标号记下，以便检查模具尺寸是否正确。

13）记录且分析数据用于修改模具及生产条件，且为未来量产作参考依据。

14）根据所有成品的最大和最小尺寸调整机器条件，若缩水率太高及成品显得缺料，也可以增加浇口尺寸。

15）对各型腔尺寸予以修正，若型腔尺寸正确，就应修改成型工艺，如充模速率、模具温度、各部压力等，并检视某些型腔是否充模较慢。

16）依型腔成品的配合情形或型芯移位，予以分别修正，可再调整充模率及模具温度，以便改善其均匀度。

17）检查及修改射出机的故障，如油泵、油阀、温度控制器等的不良都会引起加工条件的变动，即使再完善的模具也不能在机器维护不良的条件下发挥良好的工作效率。

18）在检查所有的记录数值之后，保留一套样品以便比较已修正之后的样品是否改善。

19）当模具或原料及色母（色粉）存在问题时，须保留存在问题的样品，并且此样品要最能反映出模具或原料及色母（色粉）的问题点。

20）将试模过程中产品上的油污及其他杂物擦拭干净，并标示，以便物料的管理。

第3节　塑料成型工艺与产品缺陷

→ 了解塑料成型工艺参数的确定方法
→ 掌握简单注塑模在注射过程中产生缺陷的原因
→ 掌握简单注塑模在注射过程中缺陷的解决方法

一、工艺条件确定

根据加工塑料的特性，按推荐的工艺参数，先取预选的工艺参数较低的值，然后在模具调试过程中进行调整。记录分析数据可以作为修改模具及生产条件的需要，并且为将来大批量生产提供参考依据。

1. 判别机筒和喷嘴温度

根据熔料塑化质量来确定机筒和喷嘴温度。将喷嘴脱离固定模板主流道，用较低的注射压力，使熔料从喷嘴缓慢流出，观察料流，若没有硬块、气泡、银丝、变色等缺陷，料流光滑明亮，则说明机筒和喷嘴温度比较适宜，就可以开始试模，反之，则需进行适当的调整。

2. 加料方式的选择

注射机加料方式有如下三种，根据物料及模具情况选择合适的加料方式。一是前加料，即每次注射后，塑化达到要求容量时，注射座后退，直至下一工作循环开始时再前进，使喷嘴与模具接触，进行注射。此法用于喷嘴温度不易控制、背压较高、防止回流的场合。二是后加料，即注射后注射座后退再进行预塑化工作，待下一工作循环开始，复回进行注射。此法用于喷嘴温度不易控制及加工结晶塑料的场合。三是固定加料，即在整个成型周期中，喷嘴与模具一直保持接触。此法是目前常用的方法，适用于塑料成型温度范围较广，喷嘴温度易控制的场合。

3. 注射量的调节

注射量是一次注入模内的物料量，它包括塑料量及流道中的物料量。加料量通过注射机的加料装置调节，最后以试模结果为准。注射量一般不应超过注射机注射量的80%。

4. 塑化能力调整

塑化能力主要包括螺杆转速，预塑背压和料筒、喷嘴温度。这三者是互相联系和互相制约的，必须协调调整，整个塑化时间不应超过制品冷却时间，否则就要延长成型周期。螺杆转速调节的范围稍大一些，但不得超出工艺所要求的范围，并应选用注射机螺杆转速的最佳工作范围内的转速，以减小螺杆转速的波动。在预塑化时，控制合理的预塑背压，有利于物料中气体排出，提高塑化质量。背压的高低由所加工的塑料性能以及有关工艺参数决定，一般为 15~115 MPa，对于高黏度和热稳定性差的塑料，宜用较慢的螺杆转速和较低的预塑背压；对中低黏度和热稳定性好的塑料，可采用较快的螺杆转速和略高的预塑背压，但应防止熔料的流涎现象。

5. 注射压力调节

根据加工制品形状、壁厚、模具结构设计、塑料性能等参数，可预先选取注射压力和注射速度。但开始时，原则上应选取较小的注射压力，待模具温度达到要求的工艺参数范围，观察熔料充模情况，若充模不足或有其他相应的缺陷，再逐渐升高注射压力。在保证完成充模的情况下，应尽量选取较低的压力，这样可以减小锁模力和降低功率的消耗。

6. 注射速度调节

一般注射机设有高速和慢速注射，对于薄壁成型面积大的塑件，宜用高速注射，而对于厚壁成型面积小的塑件，采用低速注射。某些塑料对剪切速度十分敏感，注射速度的控制应有利于熔料充模和防止熔料变质。在高速和低速注射成型都能满足的情况下，宜采用低速注射（玻璃纤维增强除外）。

二、注射缺陷及解决方法

1. 缩水（凹陷）

（1）定义：产品壁厚不均匀引起表面收缩不均匀从而产生凹陷的现象，如图 4—1 所示。

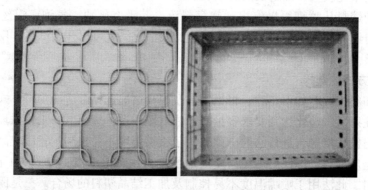

图 4—1 缩水（凹陷）

（2）出现位置：缩水主要出现在塑件壁厚厚的地方或者是壁厚改变的地方，如柱位、骨位、加强筋。

（3）故障分析及排除方法

1）成型条件控制不当。适当提高注射压力及注射速度，增加溶料的压缩密度，延长注射和保压时间，补偿熔体的收缩，增加注射缓冲量。但保压不能太高，否则会引起凸痕。如果凹陷和缩痕发生在浇口附近，可以通过延长保压时间来解决；当塑件在壁厚处产生凹陷时，应适当延长塑件在模内的冷却时间；如果嵌件周围由于熔体局部收缩引起凹陷及缩痕，这主要是嵌件的温度太低造成的，应设法提高嵌件的温度；如果由于供料不足引起塑件表面凹陷，应增加供料量。此外，塑件在模内的冷却必须充分。

2）模具缺陷。结合具体情况，适当扩大浇口及流道截面，浇口位置尽量设置在对称处，进料口应设置在塑件厚壁的部位。如果凹陷和缩痕发生在远离浇口处，一般是由于模具结构中某一部位熔料流动不畅，妨碍压力传递。对此，应适当扩大模具浇注系统的结构尺寸，最好让流道延伸到产生凹陷的部位。对于壁厚塑件，应优先采用翼式浇口。

3）原料不符合成型要求。对于表面要求比较高的塑件，应尽量采用低收缩率的树脂，也可在原料中增加适量润滑剂。

4）塑件形体结构设计不合理。设计塑件形体结构时，壁厚应尽量一致。若塑件的壁厚差异较大，可通过调整浇注系统的结构参数或改变壁厚分布来解决。

2. 注射不足（走料不齐、缺胶、欠注、短射）

（1）定义：熔料进入型腔后没有充填完全，导致产品缺料，如图 4—2 所示。

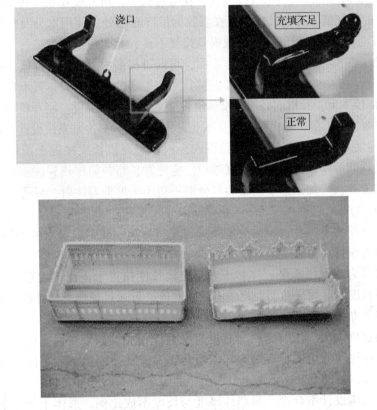

图 4—2　注射不足

（2）出现位置：注射不足主要发生在浇口料头或薄壁面的地方。

（3）故障分析及排除方法

1）设备选型不当。在选用注射设备时，注射机的最大注射量必须大于塑件重量。在验核时，注射总量（包括塑件、浇道及飞边）不能超出注射机塑化量的 85%。

2）供料不足，加料口底部可能有"架桥"现象。可适当增加射料杆的注射行程，增加供料量。

3）原料流动性能太差。应设法改善模具浇注系统的滞流缺陷，如合理设置浇道位置，扩大浇口、流道和注料口尺寸以及采用较大的喷嘴等。同时，可在原料配方中增加适量助剂，改善树脂的流动性能。

4）润滑剂超量。应减少润滑剂用量及调整料筒与射料杆的间隙，修复设备。

5）冷料杂质阻塞流道。应将喷嘴拆卸清理或扩大模具冷料穴和流道的截面。

6）浇注系统设计不合理。设计浇注系统时，要注意浇口平衡，各型腔内塑件的重量要与浇口大小成正比，使各型腔能同时充满，浇口位置要选择在厚壁部位，也可采用分流道平衡布置的设计方案。若浇口或流道小、薄、长，则熔料的压力在流动过程中沿程损失太大，流动受阻，容易产生填充不良，对此应扩大流道截面和浇口面积，必要时可采用多点进料的方法。

7）模具排气不良。应检查有无冷料穴，或其位置是否正确，对于型腔较深的模具，应在欠注部位增设排气沟槽或排气孔，在合理面上，可开设 0.02 ~ 0.04 mm、宽度为 5 ~ 10 mm 的排气槽，排气孔应设置在型腔的最终充填处。使用水分及易挥发物含量超标的原料时也会产生大量气体，导致模具排气不良，此时应对原料进行干燥及清除易挥发物。此外，在模具系统的工艺操作方面，可通过提高模具温度、降低注射速度、减小浇注系统流动阻力、减小合模力、加大模具间隙等辅助措施改善排气不良。

8）模具温度太低。开机前必须将模具预热至工艺要求的温度。刚开机时，应适当节制模具内冷却剂的通过量。若模具温度升不上去，应检查模具冷却系统设计是否合理。

9）熔料温度太低。在适当的成型范围内，料温与充模长度接近于正比例关系，低温熔料的流动性能下降，使得充模长度减短。应注意，将料筒加热到仪表温度后还需恒温一段时间才能开机。如果为了防止熔料分解不得不采取低温注射，可适当延长注射循环时间，克服欠注。

10）喷嘴温度太低。在开模时应使喷嘴与模具分离，减少模温对喷嘴温度的影响，使喷嘴处的温度保持在工艺要求的范围内。

11）注射压力或保压不足。注射压力与充模长度接近于正比例关系，注射压力太小，使得充模长度短，而导致型腔充填不满。对此，可通过减慢射料杆前进速度、适当延长注射时间等办法来提高注射压力。

12）注射速度太慢。注射速度与充模速度直接相关。如果注射速度太慢，熔料充模缓慢，而低速流动的熔体很容易冷却，就会使其流动性能进一步下降产生欠注。对此，应适当提高注射速度。

13）塑件结构设计不合理。当塑件厚度与长度不成比例，形体十分复杂且成型面积很大时，熔体很容易在塑件薄壁部位的入口处流动受阻，使型腔很难充满。因此，在设计塑件的形体结构时，应注意塑件的厚度与熔料极限充模长度有关。在注射成型时，塑件的厚度应为 1 ~ 3 mm，大型塑件的厚度为 3 ~ 6 mm。通常，塑件厚度超过 8 mm 或小于 0.5 mm 都对注射成型不利，设计时应避免采用这样的厚度。

3. 飞边

（1）定义：当塑料熔料被迫从分型面挤压出模具型腔产生薄片时便形成了飞边，薄片过大时称为披锋，如图 4—3 所示。

（2）出现位置：飞边主要出现在分型线的地方或模具密封面。

（3）故障分析及排除方法

1）合模力不足。应检查增压器是否增压过量，同时应验核塑件投影面积与成型压力的乘积是否超出了设备的合模力。成型压力为模具内的平均压力，常规情况下以

图 4—3　飞边

40 MPa 计算。如果计算结果为合模力小于乘积，则表明合模力不足或者注射定位压力太高，应降低注射压力或减小注料口截面积，也可缩短保压及增压时间，减小射料杆行程，或考虑减少型腔数及改用合模吨位大的注射机。

2）料温太高。应适当降低料筒、喷嘴及模具温度，缩短注射周期。对于聚酰胺等黏度较低的熔料，仅靠改变成型条件来解决溢料飞边缺陷是很困难的，应在适当降低料温的同时，尽量精密加工及研修模具，减小模具间隙。

3）模具缺陷。模具缺陷是产生溢料飞边的主要原因。必须认真检查模具，重新验核分型面，使动模与定模对中，并检查分型面是否贴合，型腔及模具型芯部分的滑动件的磨损间隙是否超差，分型面上有无黏附物或落入异物，模板间是否平行、有无弯曲变形，模板的开距是否按模具厚度调节到正确的位置，锁模块表面是否损伤，拉杆有无变形不均，排气槽孔是否太大太深。

4）工艺条件控制不当。如果注射速度太快，注射时间过长，注射压力在模腔中分布不均，充模速率不均衡，加料量过多，润滑剂使用过量都会导致溢料飞边，操作时应针对具体情况采取相应的措施。

4. 熔接痕

（1）定义：在塑料熔料填充型腔时，如果两股或更多的熔料在相遇时前沿部分已经冷却，使它们不能完全融合，便在汇合处产生线性凹槽，形成熔接痕（见图 4—4）。

（2）出现位置：在材料流动分支后的合流处可能发生熔接痕。

（3）故障分析及排除方法

1）料温太低。低温熔料的分流汇合性能较差，容易形成熔接痕。如果塑件的内外表面在同一部位产生熔接细纹，往往是由于料温太低引起的熔接不良。对此，可适当提高料筒及喷嘴的温度，或者延长注射周期，促使料温上升。同时，应节制模具内冷却剂的通过量，适当提高模具温度。一般情况下，塑件熔接痕处的强度较差，如果对模具中产生熔接痕的相应部位进行局部加热，提高成型件熔接部位的局部温度，往往可以提高塑件熔接处的强度。如果由于特殊需要，必须采用低温成型工艺时，可适当提高注射速

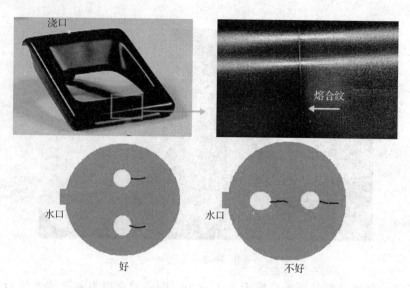

图4—4 熔接痕

度及注射压力，从而改善熔料的汇合性能，也可在原料配方中适当增用少量润滑剂，提高熔料的流动性能。

2）模具缺陷。应尽量采用分流少的浇口形式并合理选择浇口位置（见图4—5），尽量避免充模速率不一致及充模料流中断。在可能的条件下，应选用一点进胶。为了防止低温熔料注入模腔产生熔接痕，可在提高模具温度的同时，在模具内设置冷料穴。

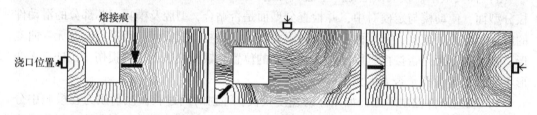

图4—5 改变浇口位置对熔接痕的影响

3）模具排气不良。首先应检查模具排气孔是否被熔料的固化物或其他物体阻塞，浇口处有无异物。如果阻塞物清除后仍出现炭化点，应在模具汇料点处增加排气孔，也可通过重新定位浇口，或适当降低合模力，增大排气间隙来加速汇料合流。在工艺操作方面，可采取降低料温及模具温度，缩短高压注射时间，降低注射压力等辅助措施。

4）脱模剂使用不当。在注射成型中，一般只在螺纹等不易脱模的部位均匀地涂用少量脱模剂，原则上应尽量减少脱模剂的用量。

5）塑件结构设计不合理。如果塑件壁厚设计的太薄或厚薄悬殊太大以及嵌件太多，都会引起熔接不良，如图4—6所示。在设计塑件形体结构时，应确保塑件的最薄部位大于成型时允许的最小壁厚。此外，应尽量减少嵌件的使用且壁厚尽可能趋于一致。

6）熔接角度太小。不同的塑料都有自己的极限熔接角度。两股料流汇合时，如果汇合角度小于极限熔接角度，就会出现熔接痕；如果大于极限熔接角度，熔接痕就会消失。极限熔接角度值一般在135°左右。

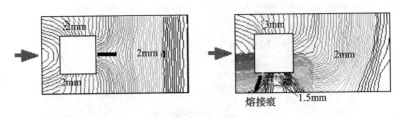

图 4—6　壁厚对熔接痕的影响

7）其他原因。当使用的原料水分或易挥发物含量太高，模具中的油渍未清除干净，模腔中有冷料或熔料内的纤维填料分布不良，模具冷却系统设计不合理，熔料固化太快，嵌件温度太低，喷嘴孔太小，注射机塑化能力不够，柱塞或注射机料筒中压力损失大时，都会导致不同程度的熔接不良。对此，在操作过程中，应针对不同情况，分别采取原料预干燥，定期清理模具，改变模具冷却水道设计，控制冷却水的流量，提高嵌件温度，换用较大孔径的喷嘴，改用较大规格的注射机等措施予以解决。

5. 翘曲变形

（1）定义：由于产品内部收缩不一致导致内应力不同而引起的变形。

（2）故障分析及排除方法

1）分子取向不均衡。为了尽量减少由于分子取向差异产生的翘曲变形，应创造条件减少流动取向及缓和取向应力的松弛，最有效的方法是降低熔料温度和模具温度。在采用这一方法时，最好与塑件的热处理结合起来，否则，减小分子取向差异的效果往往是短暂的。热处理的方法是：塑件脱模后将其置于较高温度下保持一定时间再缓冷至室温，即可大量消除塑件内的取向应力。

2）冷却不当。设计塑件结构时，各部位的断面厚度应尽量一致。塑件在模具内必须保持足够的冷却定型时间。对于模具冷却系统的设计，必须注意将冷却管道设置在温度容易升高、热量比较集中的部位，对于那些比较容易冷却的部位，应尽量进行缓冷，使塑件各部分的冷却均衡。

3）模具浇注系统设计不合理。在确定浇口位置时，不要使熔料直接冲击型芯，应使型芯两侧受力均匀；对于面积较大的矩形扁平塑件，当采用分子取向及收缩大的树脂原料时，应采用薄膜式浇口或多点式浇口，尽量不要采用侧浇口；对于环型浇塑件，应采用盘型浇口或轮辐式浇口，尽量不要采用侧浇口或针浇口；对于壳型塑件，应采用直浇口，尽量不要采用侧浇口。

4）模具脱模及排气系统设计不合理。在模具设计方面，应合理设计脱模斜度、顶杆位置和数量，提高模具的强度和定位精度；对于中小型模具，可根据翘曲规律来设计和制作反翘模具。在模具操作方面，应适当减慢顶出速度或顶出行程。

5）工艺操作不当。应针对具体情况，分别调整对应的工艺参数。

6. 银丝（气痕、水迹纹）

（1）定义：模具因排气不良导致产品表面有大理石花纹状的异色痕迹，如图 4—7所示。

（2）出现位置：银丝出现在塑胶件表面，其方向与熔料方向相同。

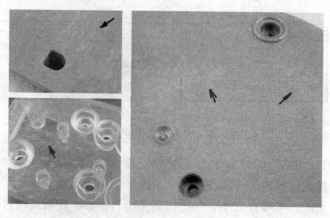

图4—7 银丝（气痕、水迹纹）

（3）故障分析及排除方法

1）熔料塑化不良。适当提高料筒温度和延长成型周期，尽量采用内加热式注料口或加大冷料井及加长流道。

2）熔料中含有易挥发物。易挥发物的主要种类有降解银丝和水气银丝。原材料选用及处理：对于降解银丝，尽量选用粒径均匀的树脂；对于水气银丝，必须充分干燥原料。工艺操作：对于降解银丝，应降低料筒及喷嘴温度，缩短熔料在料筒中的滞留时间，也可降低螺杆转速及前进速度，缩短增压时间；对于水气银丝，应调高背压，降低螺杆转速。模具设计和操作：对于降解银丝，应加大浇口、主流道及分流道截面，扩大冷料井，改善模具的排气条件；对于水气银丝，应增加模具排气孔或采用真空排气装置，并检查模具冷却水道是否渗漏，防止模具表面过冷结霜及表面潮湿。

7. 顶白

（1）定义：顶出杆位于模具顶出一侧的地方发现应力泛白和应力升高的现象，如图4—8所示。

图4—8 顶白

（2）出现位置：主要出现在顶针位置。

（3）故障分析及排除方法

1）模温太低。升高模温。

2）顶出速度过快。

3）有脱模倒角。需检修模具。

4）顶针不够或位置不当，顶针直径太小或顶出速度过快。

5）注射压力和保压压力过大。

6）型芯脱模斜度过小。

7）侧滑块动作时间或位置不当，需检修模具。

8）最后一段注射速度过快。

第 4 节　　注塑模维修

➡ 掌握注射机的维护方法
➡ 掌握注塑模试模过程的调整方法

模具在正常使用过程中，由于正常或意外磨损，以及在注射过程中出现的各种异常现象，都需修模解决。

一、模具技工接到任务后的准备工作

1. 弄清模具损坏的程度。

2. 参照修模样板，分析维修方案。

3. 度数：对模具进行维修，在很大程度上是在无图样的条件下进行的，而维修的原则为"不影响塑件的结构、尺寸"，这就要求修模技工在接近设计尺寸时应估计好修模量再进行下一步工作。

二、装、拆模注意事项

1. 标示：当修模技工拆下导柱、导套、顶针、镶件、压块等，特别是有方向要求的，一定要看清在模坯上的对应标示，以便在装模时对号入座。

在此过程中，须留意两点：

（1）标示符必须唯一，不得重复。

（2）未有标示的模具镶件，必须打上标示字符。

2. 防呆：在易出现错装的零部件上做好防呆工作及保证在装反的情况下装不进去。

3. 摆放：拆出的零部件需摆放整齐，螺丝、弹簧、胶圈等应用胶盒装好。

4. 保护：对型芯、型腔等精密零件要做好防护措施，以防他人不小心碰伤。

三、维修纹面时注意事项

1. 机台省模：当胶件有粘模、拖花等需省模时，应将有纹面的部位做好保护，才可进行维修。机台省模切忌将纹面省光，在无把握时应要求落模维修。

2. 烧焊：若对纹面进行烧焊，必须留意：

（1）焊条必须与模芯材料一致。

（2）焊后需做好回火工作。

3. 补纹：当模具维修好需出厂补纹时，维修者需用纸皮将纹面保护好，并标示好补纹部位，附带补纹样板。蚀纹回厂时，应认真检查蚀纹面的质量，确认没有问题后方可进行装模。若对维修效果把握不大，应先试模确认没有问题，方可出厂补纹。

四、注塑模具维修常用的十种方法

1. 焊补修理

焊补修理是采用氩弧焊、点焊等方法在型腔、型芯破损和磨损的部位进行局部堆焊，再进行机械加工或钳工修整。这种修理方法的成本低廉，修补效果也不错，是一种高效率、低成本的修理方法。

2. 镶拼镶件

镶件修理是利用线切割、铣床和磨床或者其他机械加工方式切除注塑模具零件损坏的部位，然后重新加工新的镶件镶入该部位。这种修理方法目前在注塑模具行业中也被广泛采用。它比更换注塑模具零件的修理方法费用低，较为经济，且注塑模具修理后依然能确保有较长的使用寿命，但应注意镶件尺寸不能太小，否则会降低零件强度，影响注塑模具使用寿命。通常在加工精度容许的范围内，尽量采用电加工和磨削并用的加工方法来加工注塑模具镶拼部位。

从成型零件的形状和功能出发，应对型腔、型芯的具体镶拼形式仔细分析，如要避免在成型塑件表面出现拼缝线和因应力集中而导致成型塑件的破损。

3. 扩孔修理

扩孔修理是当各类推杆或型芯杆与配合孔因滑动磨损或变形时，采用线切割或其他加工方法扩大孔径，同时将与之配合的杆的直径也相应加大的修理方法。

尽管型芯选用材质的耐磨性都很好，但自然磨损或由于保养不当使杆和孔的磨损始终存在。当塑件在推杆端部处产生飞边时，采用线切割放电加工（EDW）扩孔并更换推杆的修理方法是较为常用的，实践证明这种模修方法是可行的。

4. 割孔镶柱

当注塑模具分型面等部位出现凹凸痕损伤时，容易导致塑件产生飞边，在分型面凹陷处采用割孔镶柱会引起模具的挠曲变形，因此必须与模具设计者商量或通过计算后再进行修理，否则会导致注塑模具意外失效。也可采用将分型面磨平和模板底面同时铣、磨削加工修正，以修复分型面凹凸痕损伤部位。

5. 研磨抛光型腔、型芯表面

塑件脱模不畅不仅与型腔、型芯的表面粗糙度和脱模斜度有关，还与型腔、型芯是否有倒锥、表面腐蚀有一定的关系。修理中常见的或最有效的方法是对型腔、型芯表面进行研磨抛光。一个型芯的顶端与另一个型芯的侧面的两圆弧面之间存在较大配合间隙时，易使塑件在该处产生飞边。避免该处产生飞边的方法是将两个型芯在装配前直接对合进行研磨，使两者完全贴合，研磨过程中务必注意保证两者的形状公差和尺寸公差。

6. 开排气槽

在塑件成型过程中，由于熔融塑料注入注塑模具型腔，如型腔内的空气被封闭在型腔内，由于空气急速压缩所产生的热使熔料温度上升会导致成型塑件表面变色和烧焦，为此需要在注塑模具型腔的充填末端设置排气槽。注塑模具型腔排气不良，成型塑件就会出现气泡、银丝、熔接痕、充填不足的缺陷，严重时将导致成型塑件表面发生变色、烧焦、烧伤等缺陷。通常情况下排气槽设置在注塑模具的分型面和镶件拼合面及推杆孔处，必要时也常设置在供特殊排气使用的镶拼型腔、型芯及动、定模型芯杆上。

7. 调整斜楔锁紧块间隙

采用斜导柱抽芯结构时，常会发生斜楔锁紧块调整过紧或过松，即动、定模之间或抽芯型芯哈夫分型面之间间隙过大或过小，造成塑件在水平分型面上或垂直分型面上的外围和孔内产生飞边。分型面合得太紧容易导致分型面压伤；太松易使塑件产生飞边。型芯应尽可能避免大面积接触，以提高接触精度。导致塑件产生飞边还有其他方面的原因，如分型面上有异物、型芯杆长度过长、分型面处凸起等。排除了这些原因，就能确认斜楔锁紧块没调整好是主要因素。

8. 结构改进

塑料模成型零件在很多情况下都是通过型芯与型芯或型芯与型腔的组合和配合来保证塑件的形状和尺寸的，这些型芯与型芯的组合和配合，由于配合形式的不同，往往会直接影响到塑件的质量，使塑件产生飞边和尺寸超差。在不影响塑件形状、尺寸精度的情况下，应尽可能地使零件之间的配合结构简单，这样便于修理，有利于保证塑件的成型质量，也使配合零件的加工更简单。在修理时，应根据实际情况作相应的改进和调整，使结构更合理。

9. 型腔或型芯表面处理

型腔或型芯表面经腐蚀或磨损后，型腔尺寸会偏大、型芯尺寸则偏小，导致塑件尺寸超差。为了延长模具的使用寿命，通常采用在型腔或型芯表面镀膜的方法进行修理，如镀钛、镀镍－磷、镀铬等。镀钛层的厚度仅为 0.002 mm，由于镀层较薄，黏附力相对其他镀层要大。这种修理方法大大延长了模具的使用寿命，而且维修费用较低。

10. 更换零件

当以上方法都无法修复或修理费用大于新制作零件时，可使用备用零件换下不能修复的零件，但应注意确认换上的备用零件能满足模具装配要求，这就要求必须对备用零件的材质、热处理、形状、尺寸、表面粗糙度进行确认。

此外，对于除锈及"咬死"部位的修复，应根据零件损伤的程度，使用油石、砂纸、研磨剂等进行修理；对于杆的折断、"咬死"等现象，应通过加强对注塑模具的保养、选择正规供应商的标准件或降低成型压力等加以解决，否则无法避免故障的再次发生。推杆和导柱、导套的磨损在注塑模具故障上占了一定的比例，因此必须进行彻底根除的修理。无论是零件的形状、尺寸、表面粗糙度，还是注塑模具结构、配合等方面的问题，都可从诸多的修理方法中选用一种或若干种最适宜的方法进行修理。

五、模具保养

模具保养比模具维修更为重要，因为模具维修的次数越多，其寿命越短，而模具保养得越好，其使用寿命就会越长。

1. 模具保养的必要性

（1）维护模具的正常动作，减少活动部位不必要的磨损。

（2）减少生产中的油污。

2. 模具保养分类

（1）模具的日常保养。

（2）模具的定期保养。

（3）模具的外观保养。

3. 模具保养的内容

（1）日保养

1）各种运动部件如顶针、行位、导柱、导套加油。

2）模面的清洁。

3）运水的疏道。

（2）定期保养

1）、2）、3）同上。

4）排气槽的清理，排气不畅部位加排气槽。

5）损伤、磨损部位修正。

（3）外观保养

1）模坯外侧涂油漆，以免生锈。

2）落模时，型腔应涂上防锈油。

3）保存时应闭合严实，防止灰尘进入模芯。

4. 模具保养注意事项

（1）运动部位，每日保养必须加油。

（2）模面必须清洁：不得在 P/L 面（即分型面）粘标签纸；禁止产品粘模未取出仍继续合模；P/L 面上的胶丝必须清理干净。

（3）发现异常，如顶出异常、开合模响声大等必须及时维修。

六、模具维修、保养中的安全问题

做任何事情，安全问题必须放在首位，模具维修、保养是与模具、设备打交道，对此问题必须引起高度重视。

1. 使用吊环时必须先检查，确保完好无损。

2. 使用设备，特别是有飞屑产生时，一定要戴眼镜操作。

3. 烧焊时必须穿防护衣、戴防护眼镜。

4. 严禁在模具底上作业。

5. 机台作业时，须保证注射机处于停止状态，并挂好标示牌。